机械制图习题集（第五版）

洪友伦　付　饶　主　编
段利君　唐丽君　张　黎　陈晓雲　副主编

清华大学出版社
北　京

内容简介

本习题集根据教育部制定的高职高专工程制图课程教学基本要求，并依据最新的技术制图和机械制图国家标准编写而成，可与洪友伦、付饶主编的《机械制图(第五版)》配套使用。

本习题集主要内容包括：制图的基本知识与技能，点、线、平面的投影，基本体，轴测图，组合体，机件的表达方法，常用机件的规定画法与标记，零件图，装配图和表面展开图，等等。

本习题集可作为高等院校机械类和近机类各专业的制图课程教材，也可供工程技术人员参考使用。

与本书配套的《机械制图(第五版)》同时出版，读者可以通过访问http://www.tupwk.com.cn/downpage网站下载习题集答案，也可通过扫描前言中的二维码获取答案。

本书封面贴有清华大学出版社防伪标签，无标签者不得销售。
版权所有，侵权必究。举报：010-62782989，beiqinquan@tup.tsinghua.edu.cn。

图书在版编目(CIP)数据

机械制图习题集 / 洪友伦, 付饶主编. -- 5 版.
北京：清华大学出版社, 2025.4. -- ISBN 978-7-302-68761-0
Ⅰ.TH126-44
中国国家版本馆 CIP 数据核字第 2025E509U0 号

责任编辑：胡辰浩
封面设计：高娟妮
版式设计：恒复文化
责任校对：成凤进
责任印制：曹婉颖

出版发行：清华大学出版社
    网　　址：https://www.tup.com.cn, https://www.wqxuetang.com
    地　　址：北京清华大学学研大厦 A 座　　**邮　编**：100084
    社 总 机：010-83470000　　**邮　购**：010-62786544
    投稿与读者服务：010-62776969, c-service@tup.tsinghua.edu.cn
    质 量 反 馈：010-62772015, zhiliang@tup.tsinghua.edu.cn

印 装 者：三河市人民印务有限公司
经　　销：全国新华书店
开　　本：370mm×260mm　　**印　张**：9　　**字　数**：233 千字
版　　次：2011 年 12 月第 1 版　　2025 年 5 月第 5 版　　**印　次**：2025 年 5 月第 1 次印刷
定　　价：59.00 元

产品编号：107575-01

前　言

本习题集是在充分进行企业调研和总结"双高建设"院校建设经验，结合编者几十年教学经验基础上编写而成的，根据最新颁布的机械制图和技术制图国家标准进行编写。本习题集与《机械制图(第五版)》教材配套使用。

本习题集具有以下特点。

（1）为便于教学，本习题集的编排顺序与配套的教材一致。

（2）习题集的主要题型有：补画视图、补画视图中的漏线、判断、改错、填空等。

（3）为使读者能够掌握制图的基本知识和基本理论，精选的各章节习题不但难度适中，而且涵盖了各个知识点。

（4）习题集中通过较多的立体图形，力争使读者能够突破学习上的难点，建立起空间想象力并熟练掌握作图的基本方法。

目前，计算机绘图已经有取代传统手工尺规作图的趋势，但手工尺规作图的作图原理和习惯是计算机绘图的基础，这部分的训练对养成良好的绘图习惯意义明显，在学习中读者应重视这方面能力的培养。为方便教师教学和学生学习，习题集答案可以到http://www.tupwk.com.cn/downpage 网站下载，也可以扫描下方的二维码获取。

本习题集由洪友伦 、付饶任主编，段利君、唐丽君、张黎、陈晓雲任副主编，刘英蝶参与编写。 由于编者水平有限，习题集中难免存在不足之处，恳请广大专家、读者批评指正。我们的电话是010-62796045，邮箱是992116@qq.com。

编　者

2025年1月

目　录

第1章
- 1-1　字体练习 ··· 1
- 1-2　图线及尺寸标注 ·· 2
- 1-3　几何作图 ··· 3
- 1-4　平面图形 ··· 6

第2章
- 2-1　三视图及其投影规律 ··· 7
- 2-2　点的投影 ··· 9
- 2-3　直线的投影 ··· 10
- 2-4　平面的投影 ··· 12

第3章
- 3-1　基本体 ··· 14
- 3-2　截断体 ··· 16
- 3-3　相贯体 ··· 20

第4章
- 4-1　根据形体的主视图和俯视图，画出其正等测轴测图 ············ 23
- 4-2　根据形体的三视图，画出其正等测轴测图 ······················· 24
- 4-3　根据形体的主视图和俯视图，画出其斜二测轴测图 ············ 24

第5章
- 5-1　分析表面连接关系，补出下列各图中的漏线 ····················· 25
- 5-2　根据轴测图，补出下列各图中的漏线 ····························· 26
- 5-3　分析形体，补出下列各图中的漏线 ································· 27
- 5-4　根据轴测图，画出三视图（尺寸从图中量取，并圆整） ······· 28
- 5-5　根据轴测图画三视图（比例、图幅自定） ······················· 29
- 5-6　标注组合体的尺寸 ·· 30
- 5-7　读组合体视图 ·· 31

第6章
- 6-1　视图 ·· 39
- 6-2　剖视图 ··· 40
- 6-3　断面图 ··· 46
- 6-4　表达方法的综合运用 ·· 47

第7章
- 7-1　螺纹的画法与标记 ·· 49
- 7-2　螺纹紧固件 ··· 50
- 7-3　齿轮 ·· 51
- 7-4　弹簧 ·· 52
- 7-5　键、滚动轴承 ·· 53

第8章
- 8-1　表面结构要求 ·· 54
- 8-2　极限与配合 ··· 55
- 8-3　几何公差 ·· 57
- 8-4　读零件图 ·· 58

第9章
- 9-1　画装配图 ·· 61
- 9-2　读装配图及拆画零件图 ··· 63

第10章
- 表面展开图 ·· 65

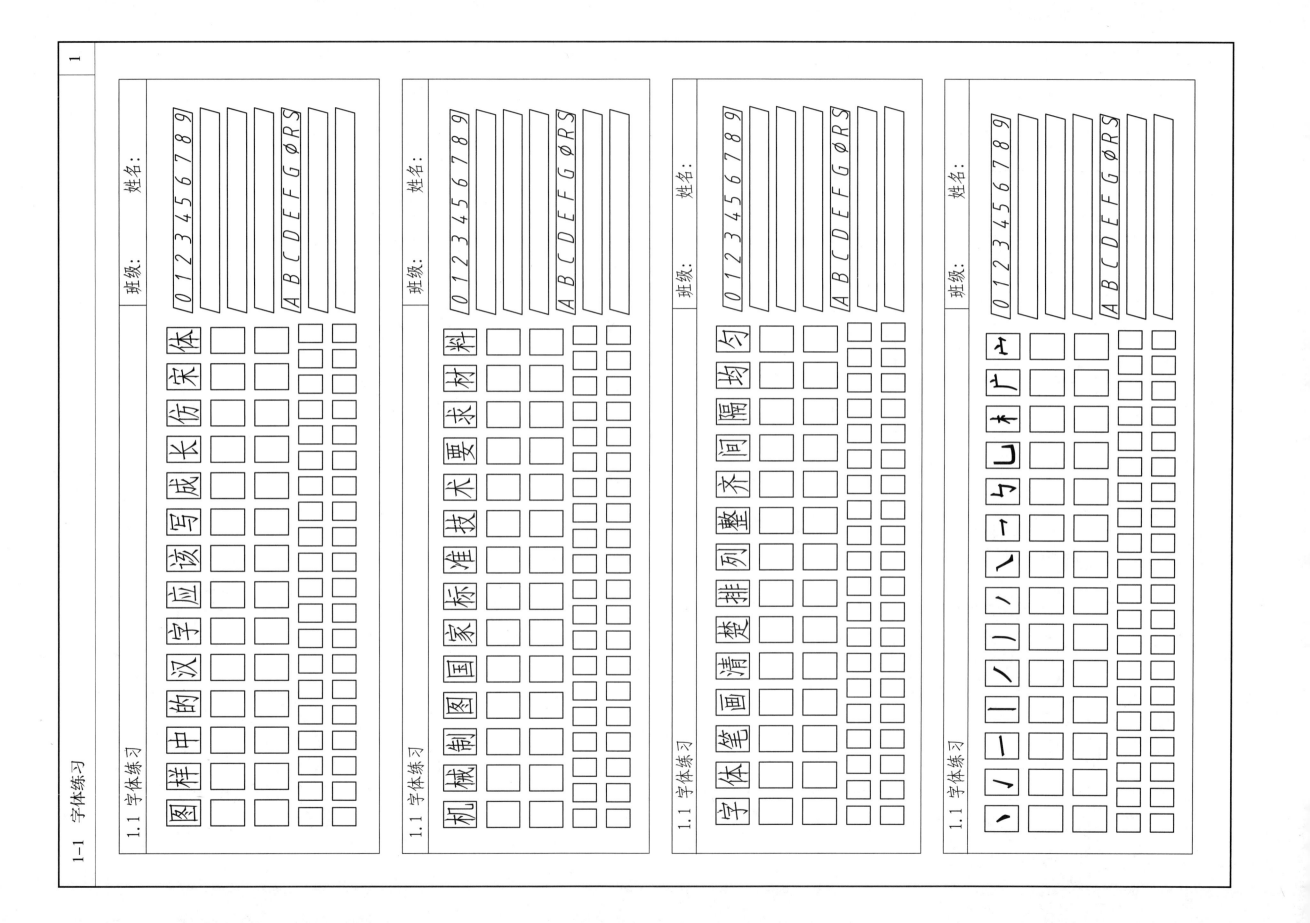

| 1-2 图线及尺寸标注 | 班级 | 姓名 | 学号 | 审阅 | 成绩 | 2 |

1. 在下图指定位置画出相应的图线。

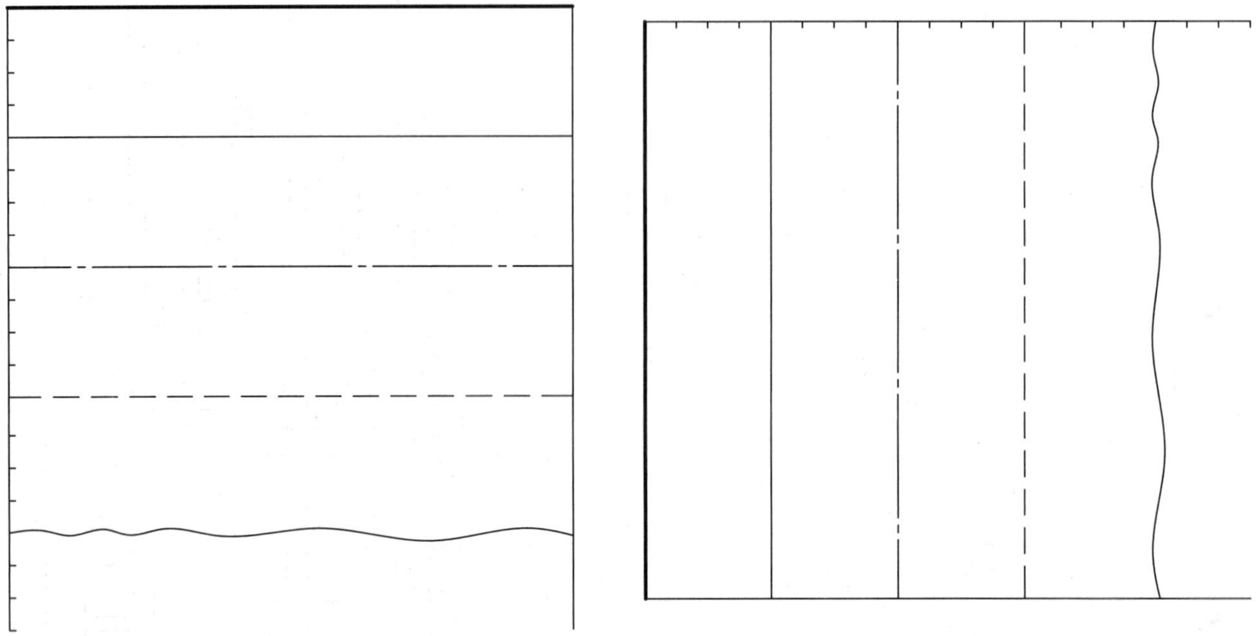

2. 按左图的尺寸和线型，将其画在右侧指定位置。

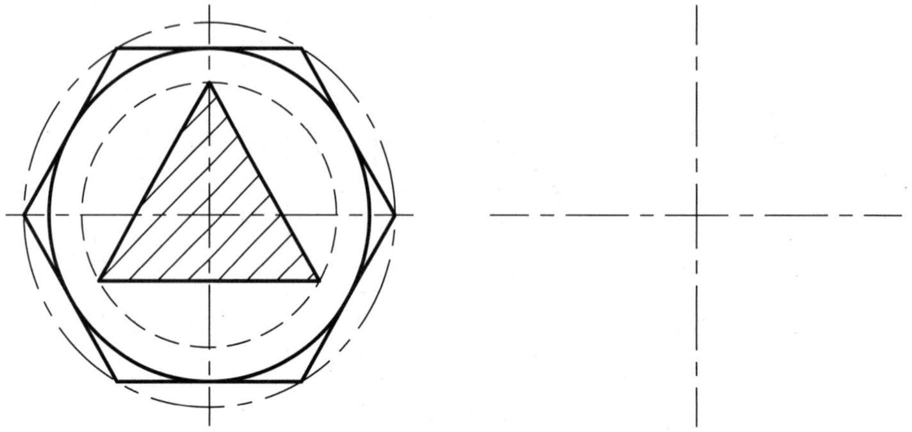

3. 在下图中的尺寸线上画出箭头并标注尺寸（尺寸数值从图中量取，并取整）。

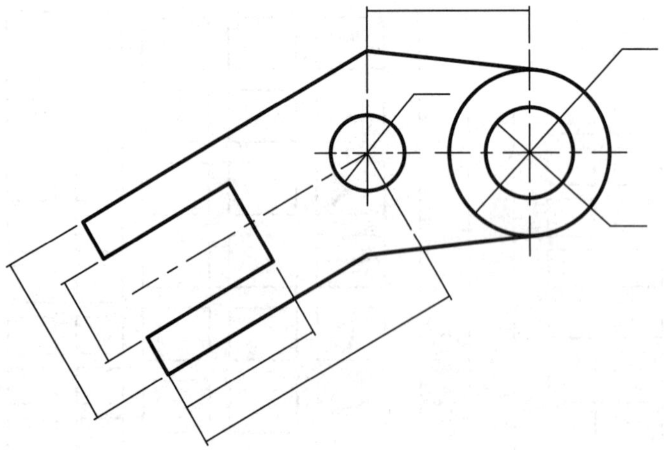

4. 标出下面两图形的尺寸（尺寸数值从图中量取，并取整）。

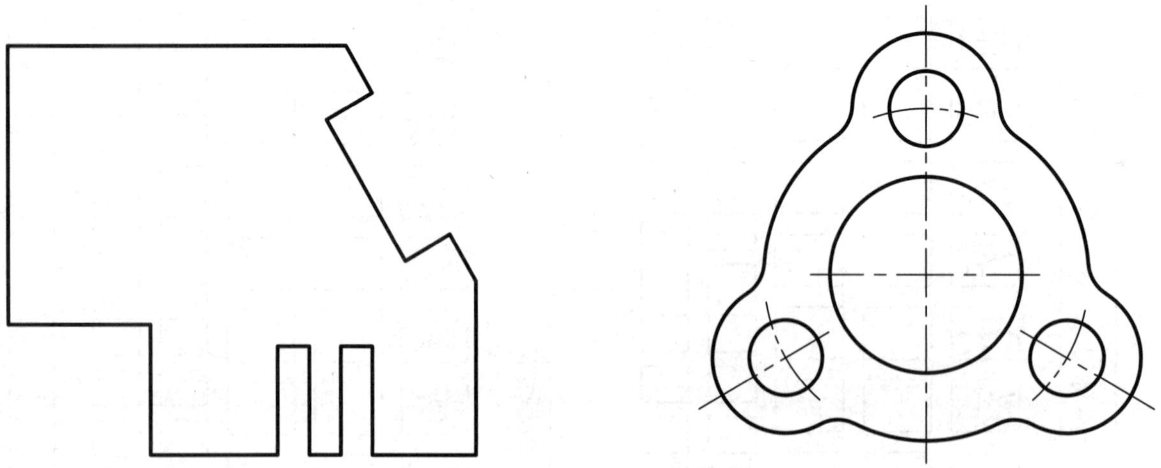

| 1-3 几何作图 | 班级 | 姓名 | 学号 | 审阅 | 成绩 | 3 |

1. 按图中的尺寸绘出下列平面图形（比例为 1：2）。

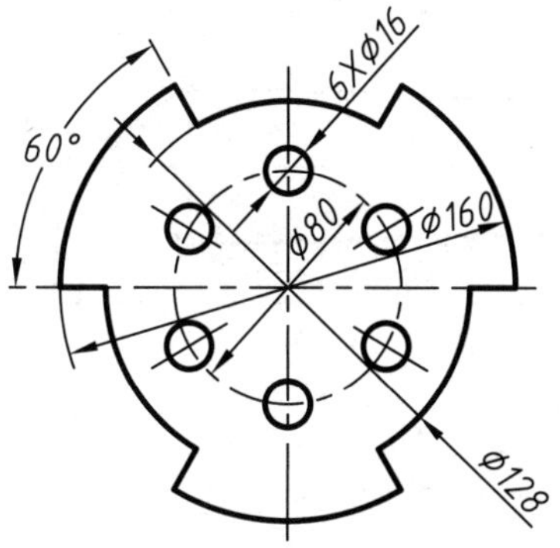

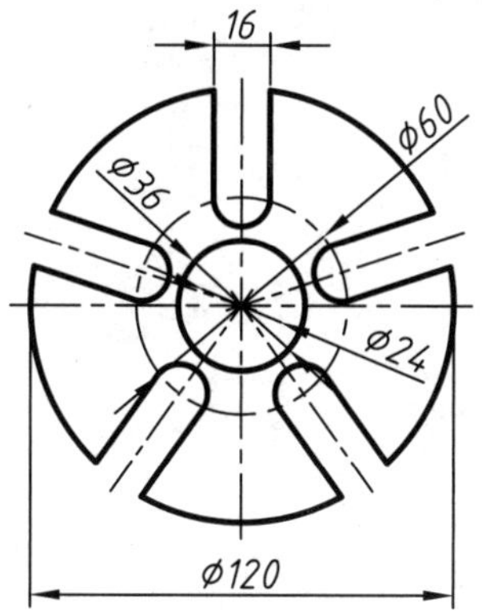

2. 已知椭圆的长轴80，短轴54，按 1：1 比例分别用同心圆法和四心近似法绘出椭圆（保留作图线）。

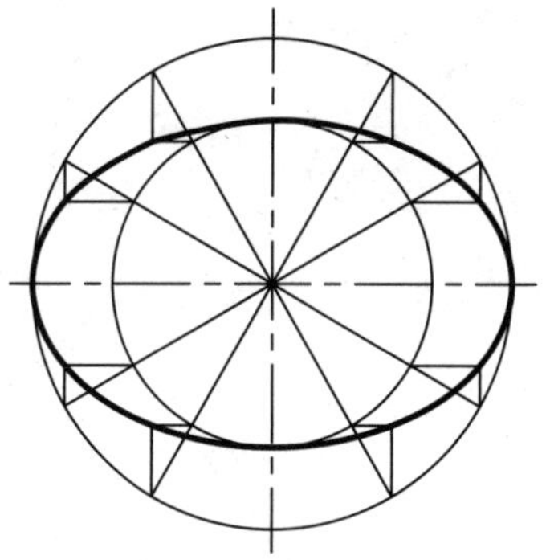

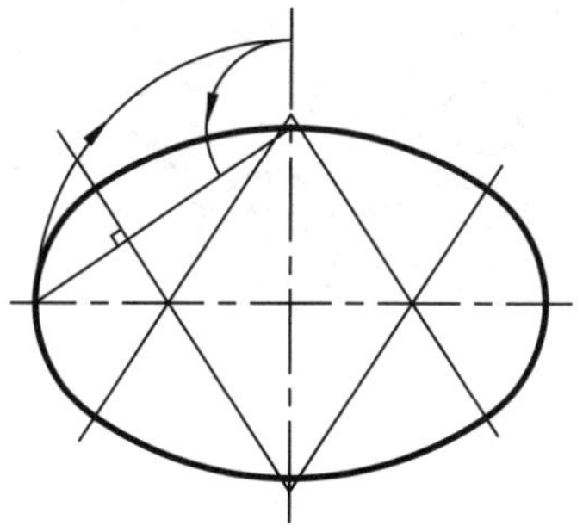

| 1-3 几何作图 | 班级 | 姓名 | 学号 | 审阅 | 成绩 | 4 |

3. 在指定位置，按图中的尺寸和指定比例绘出下列平面图形。

（1）1:1

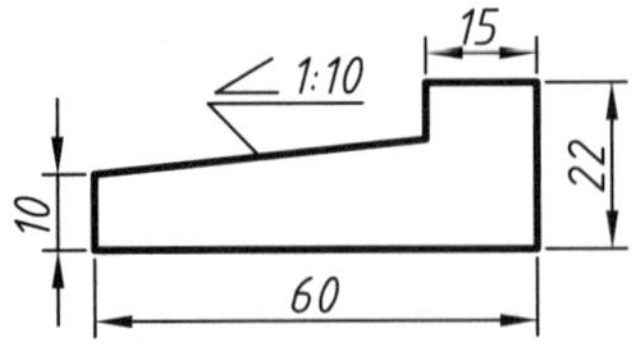

（2）1:2

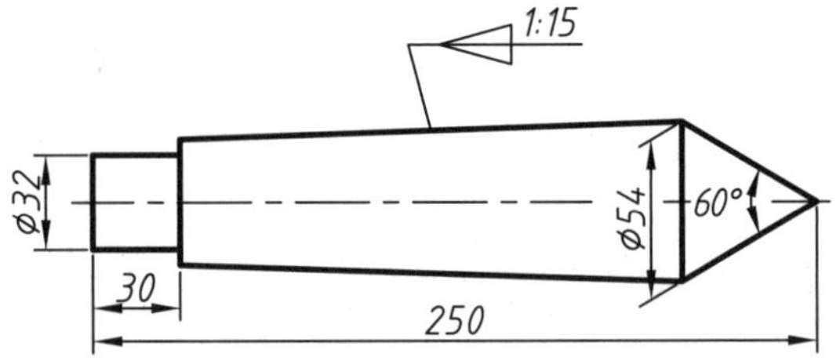

4. 按小图中的尺寸完成下列平面图形(保留作图线)。

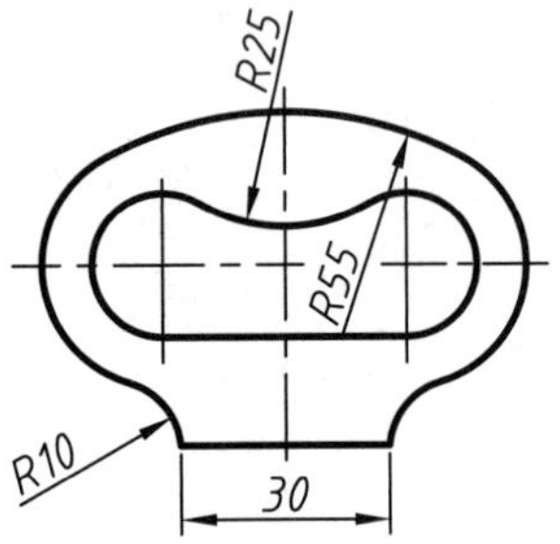

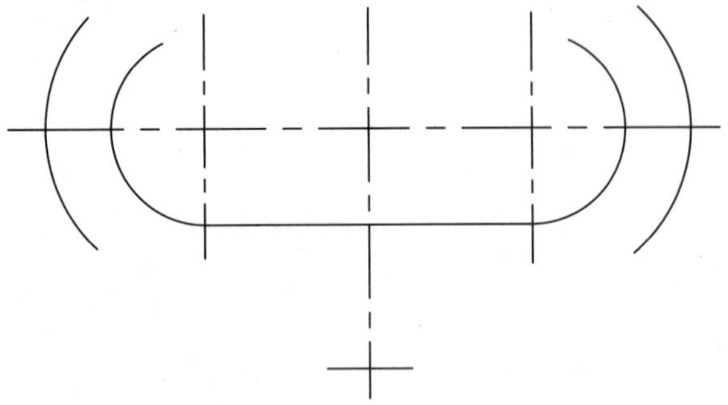

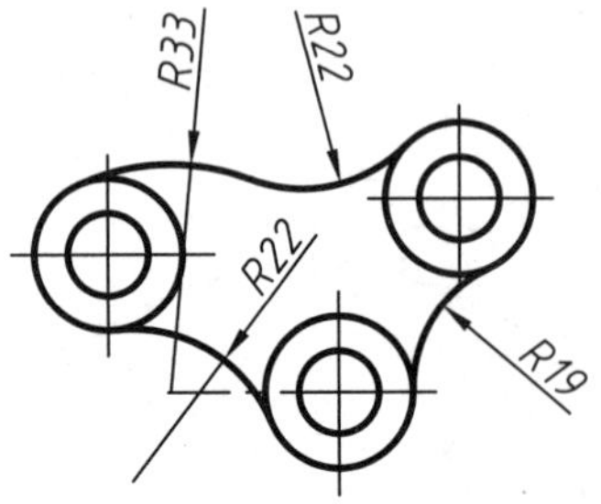

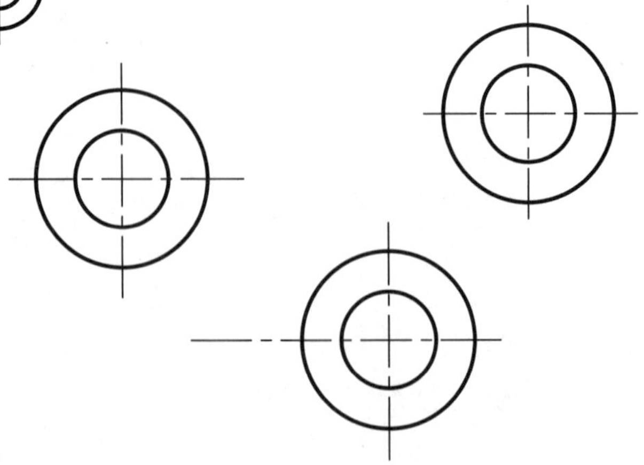

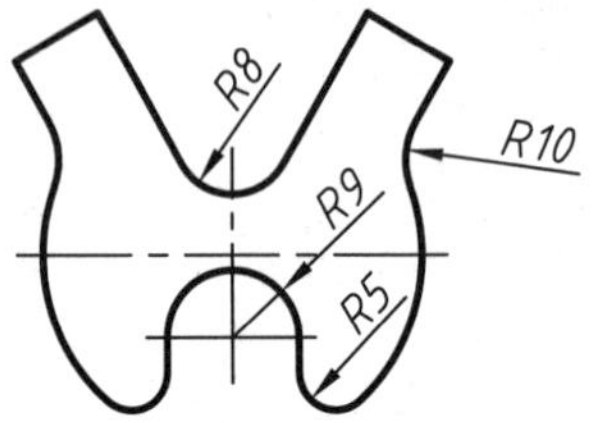

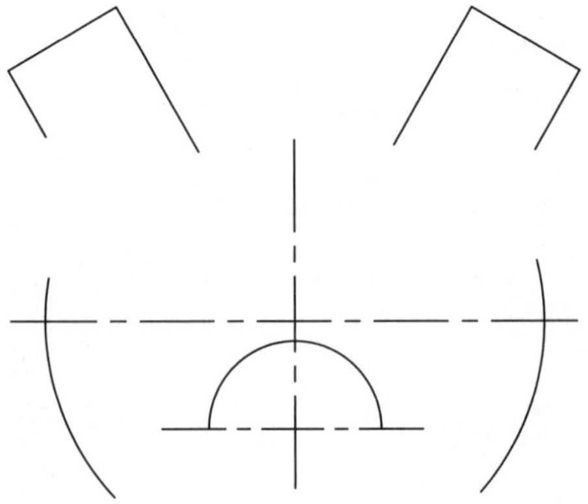

| 1-3　几何作图 | 班级　　　姓名　　　学号　　　审阅　　　成绩 | 5 |

5. 按 1∶1 比例画出下列图形并标注尺寸。

（1）

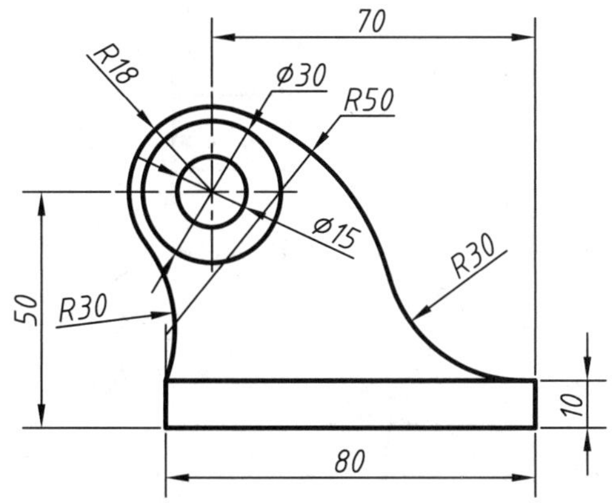

（2）

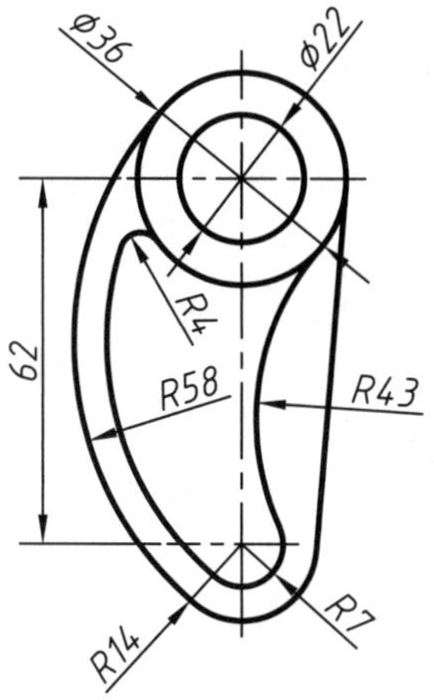

（3）

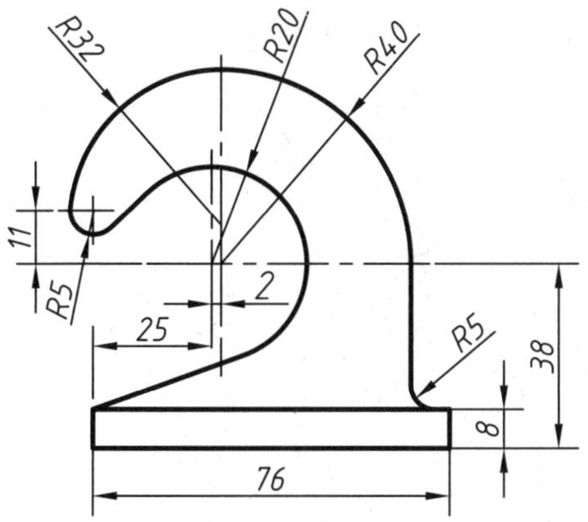

（4）

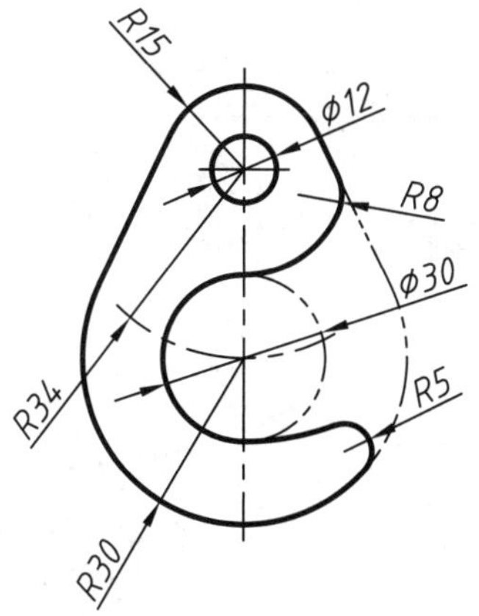

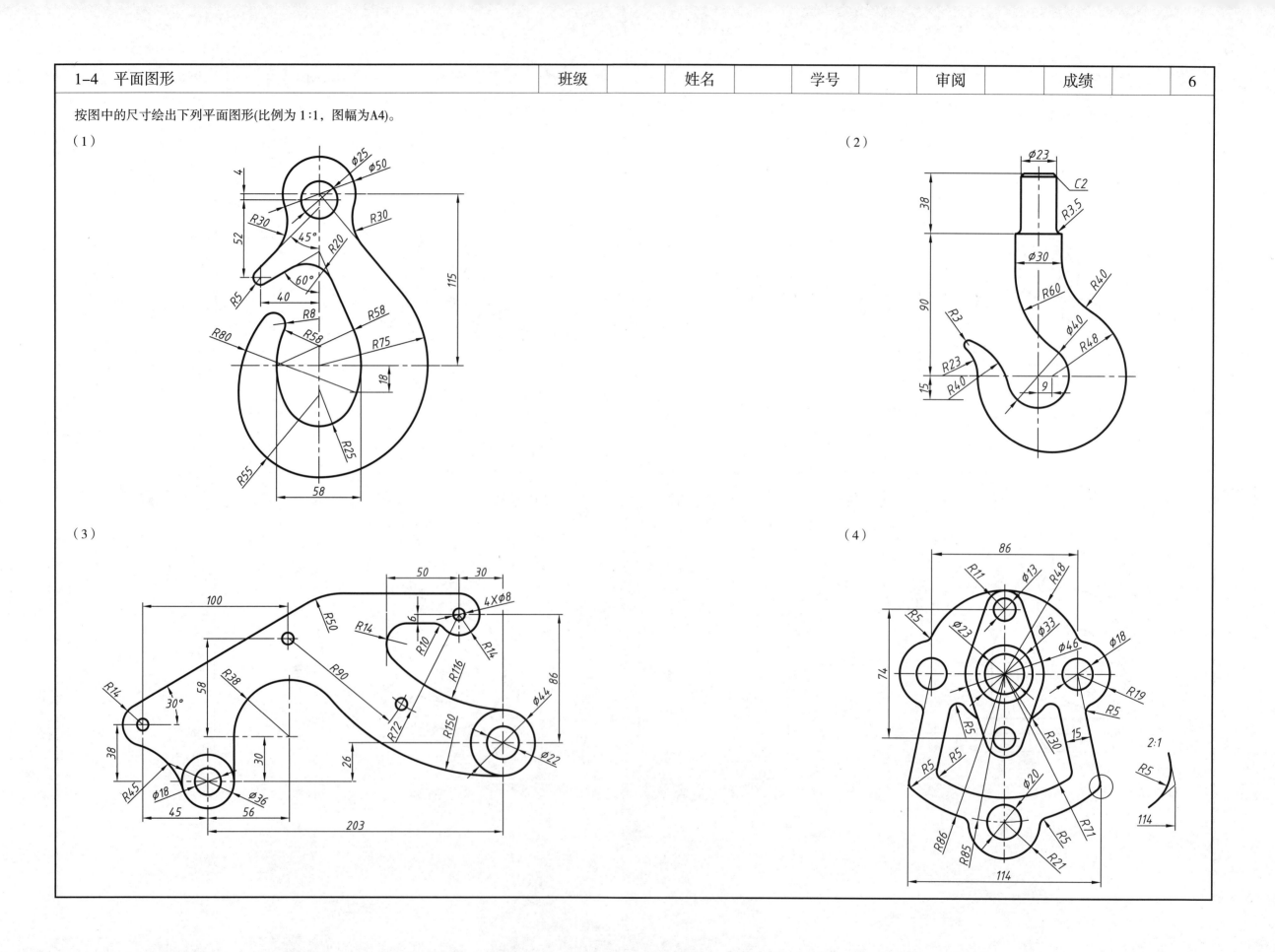

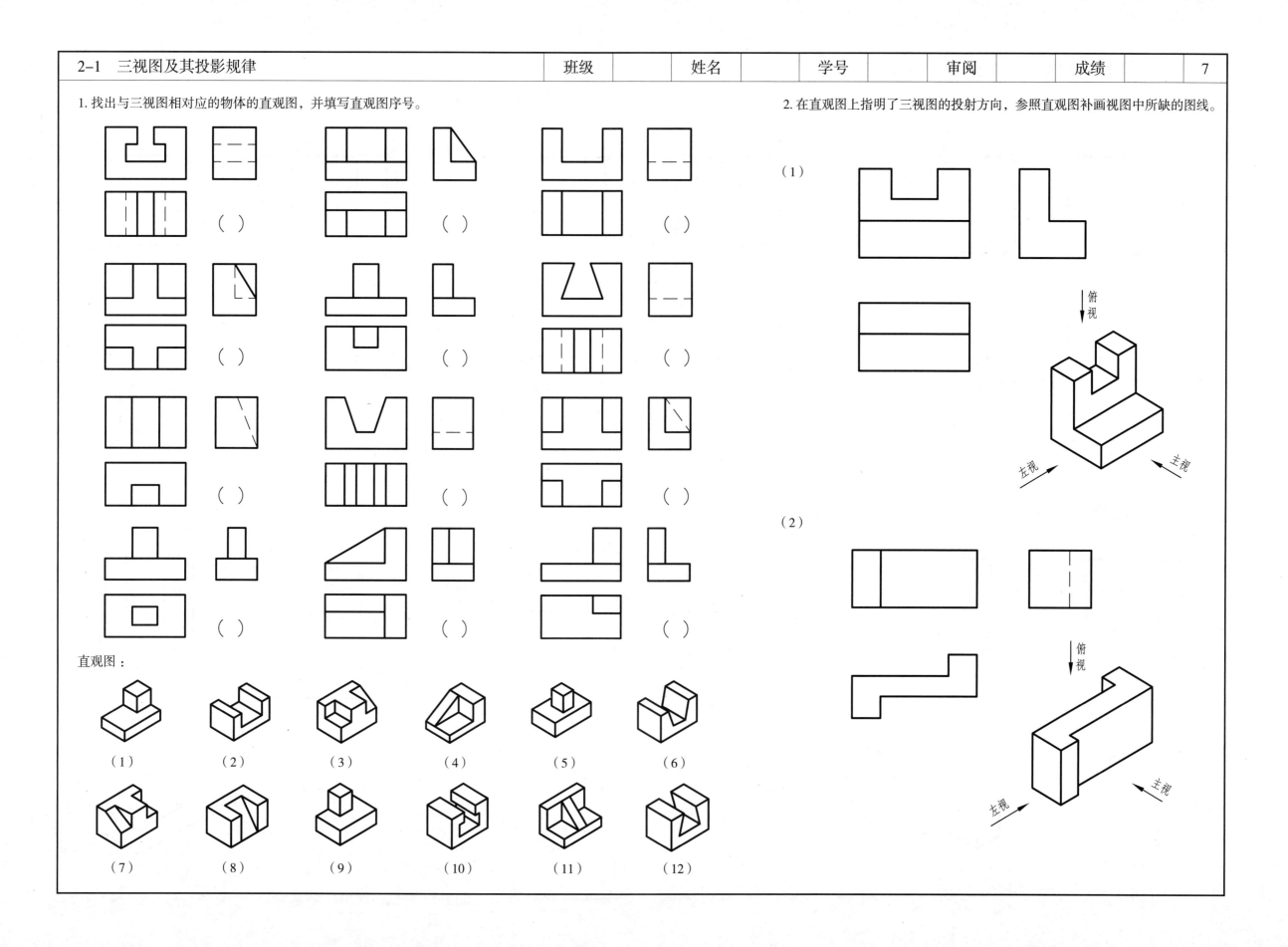

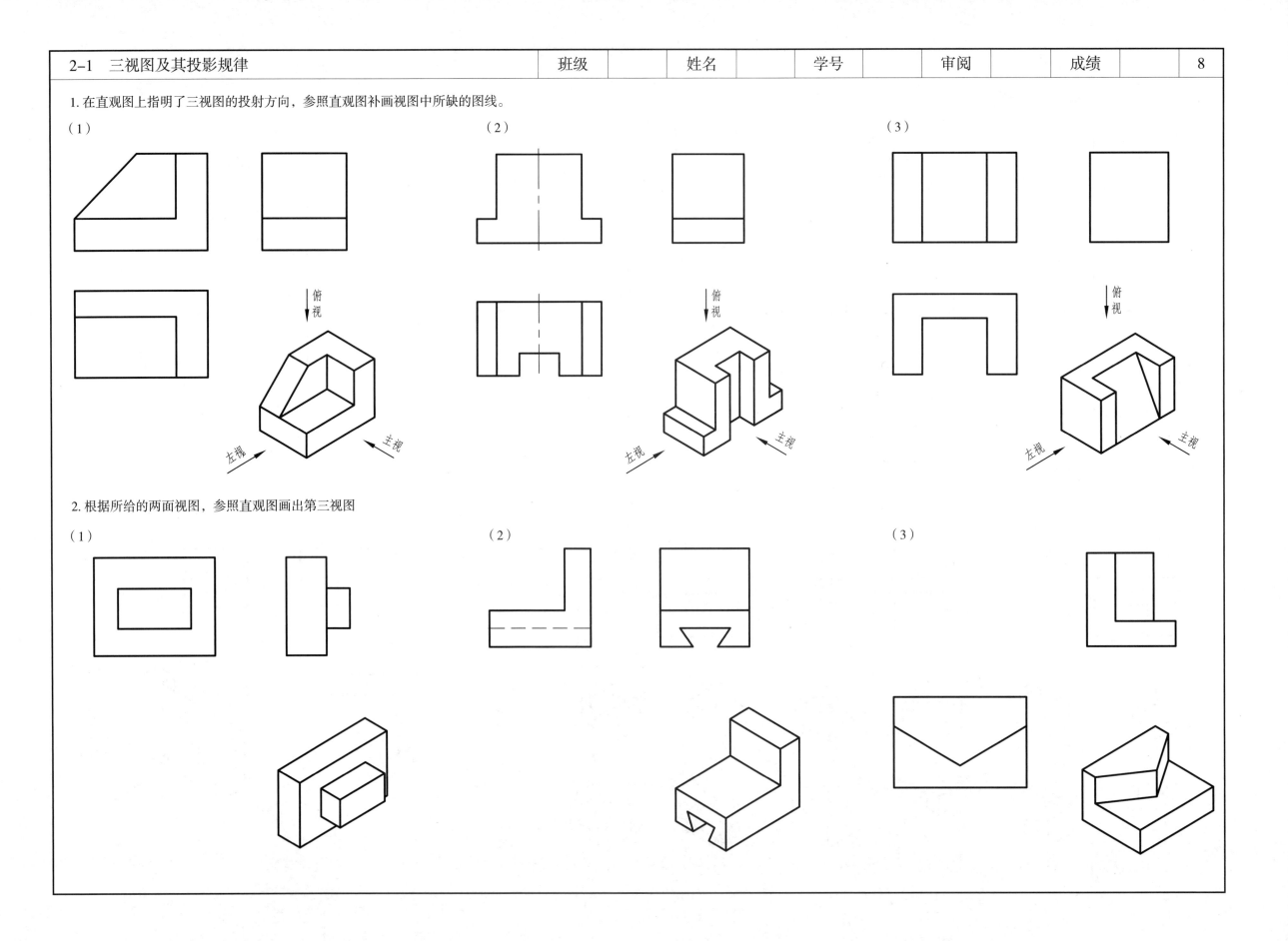

| 2-2 点的投影 | 班级 | 姓名 | 学号 | 审阅 | 成绩 | 9 |

1. 已知 A 点的直观图，B（5，20，10）、C 点到各投影面的距离，作出各点的三面投影图及 B、C 点的直观图。

	距 H 面	距 V 面	距 W 面
C	20	0	15

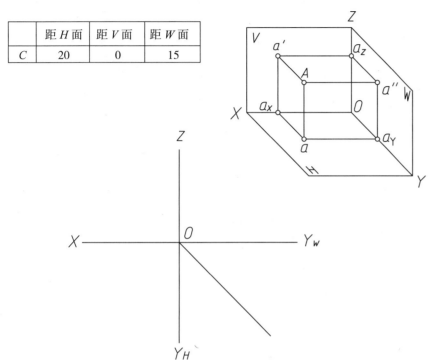

2. 已知各点的三面投影，在下表中填写出各点的坐标值。

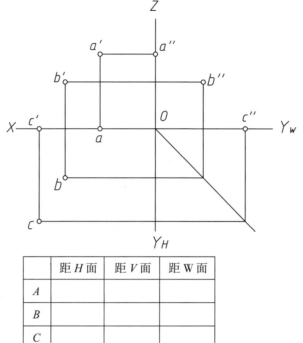

	距 H 面	距 V 面	距 W 面
A			
B			
C			

3. 已知 A、B 和 C 点的两面投影，作出各点的第三面投影并判别点的相对位置。

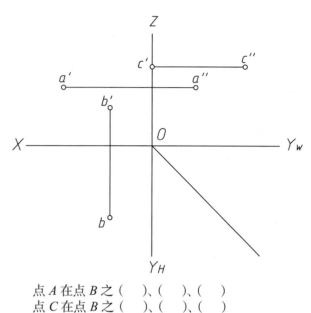

点 A 在点 B 之（　）、（　）、（　）
点 C 在点 B 之（　）、（　）、（　）

4. 已知 B 点在 A 点左方 15，且 $X_B = Y_B = Z_B$，C 点比 B 点低 10，且 X 坐标比点 B 大 5，$Y_C = X_C$，求作 B、C 两点的三面投影。

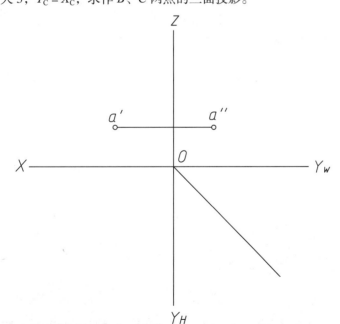

5. 已知 A 点的三面投影，且 B 点在 A 点正右方 15mm，求 B 点的三面投影，并判别重影点的可见性。

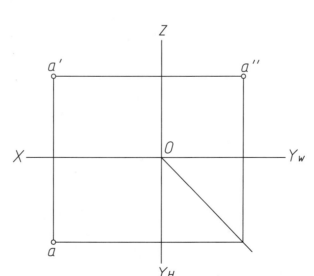

6. 根据直观图，在三视图中分别标出 A、B、C 三点的投影。

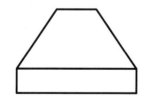

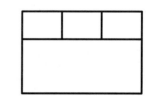
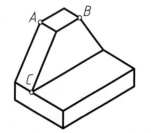

2-3 直线的投影

1. 求作下列各直线的第三面投影，并判断各直线相对于投影面的空间位置。

(1) AB为（　　　）线　(2) CD为（　　　）线　(3) EF线为（　　　）线　(4) GH为（　　　）线　(5) MN为（　　　）线　(6) KL为（　　　）线

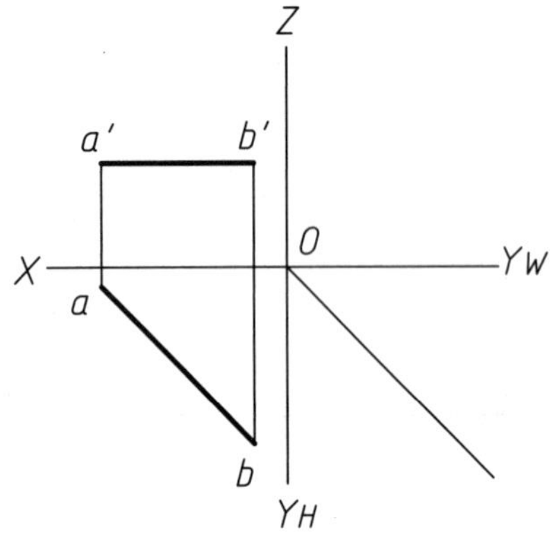

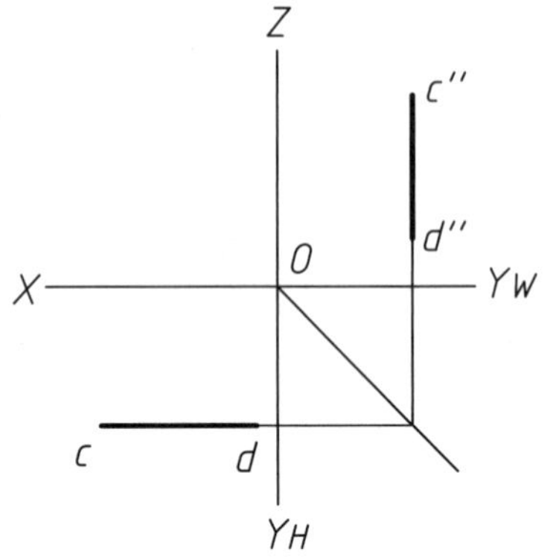

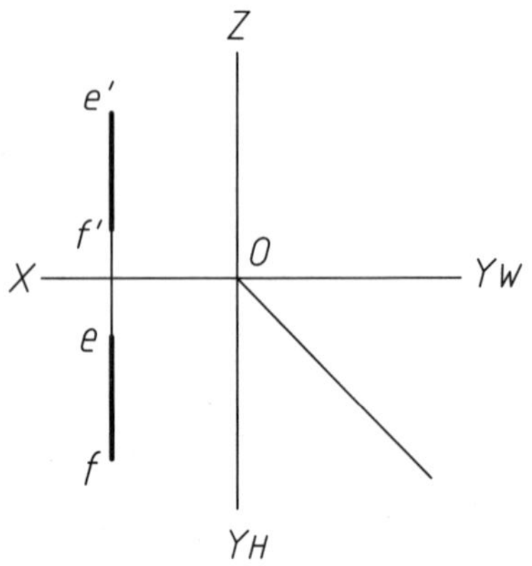

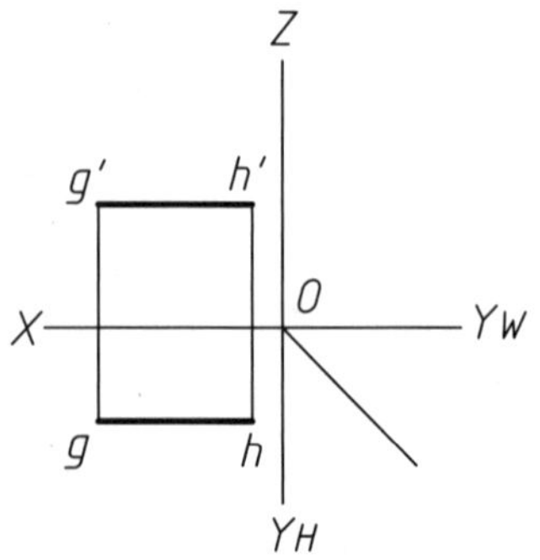

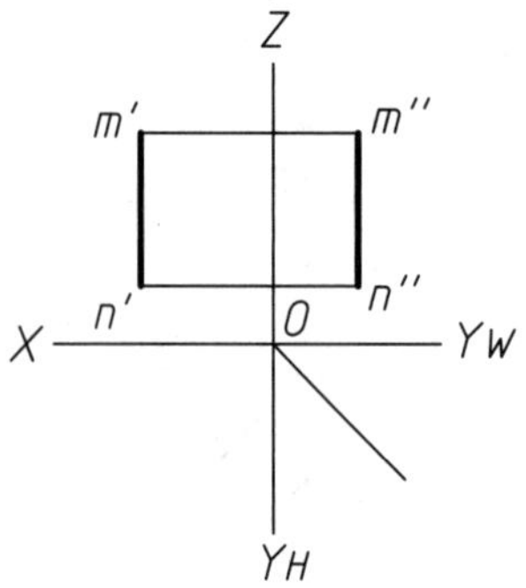

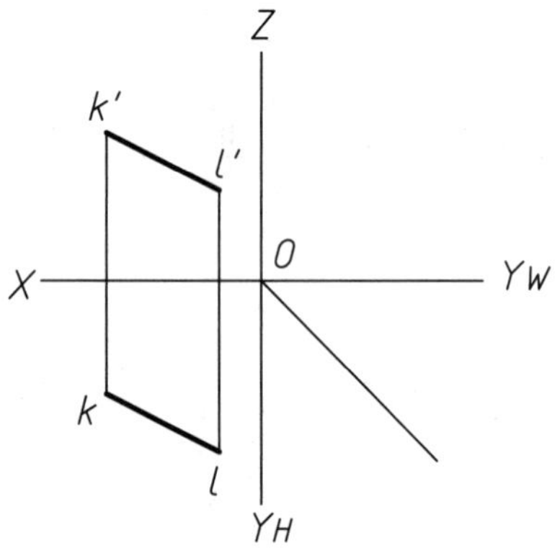

2. 在直线AB上求一点C，使得AC∶CB=5∶2，作出点C的投影（保留作图线）。

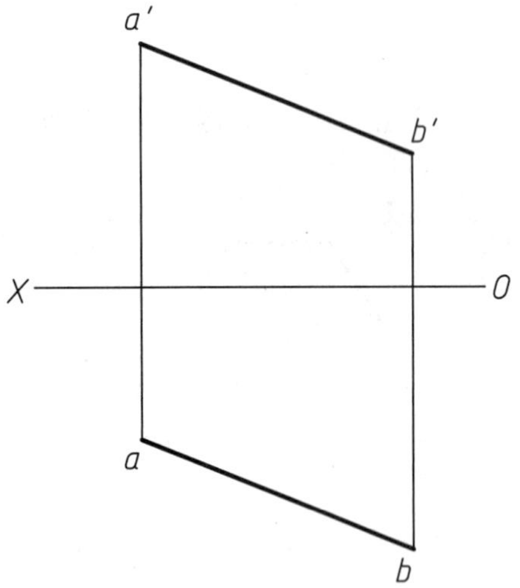

3. 根据直线段AB、CD的两面投影，分析判断AB、CD的空间位置，并补画其第三面投影。

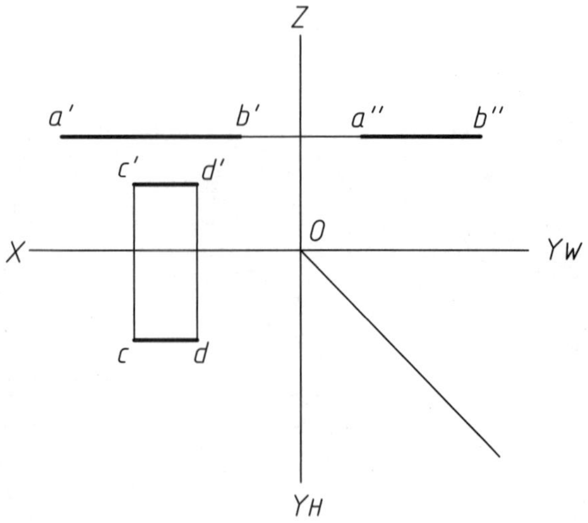

AB为（　　　　　）线
CD为（　　　　　）线

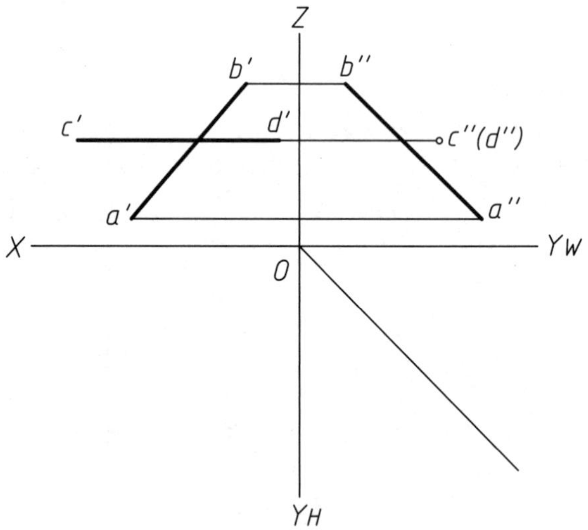

AB为（　　　　　）线
CD为（　　　　　）线

| 2-3 直线的投影 | 班级 | 姓名 | 学号 | 审阅 | 成绩 | 11 |

4. 判别下列各图中两直线的相对位置（平行、相交、交叉）。

（1） AB、CD为（　　　）

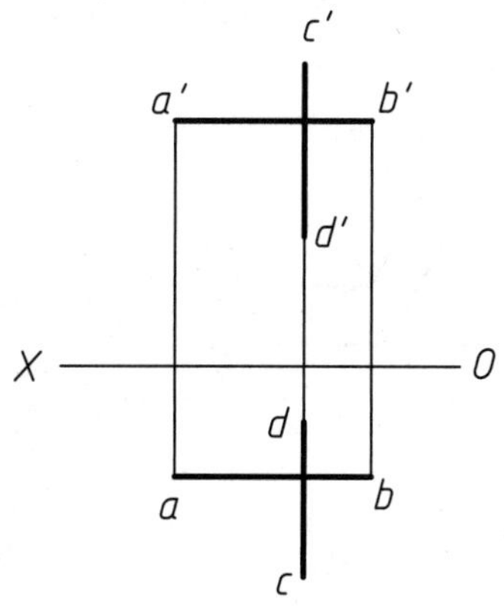

（2） EF、GH为（　　　）

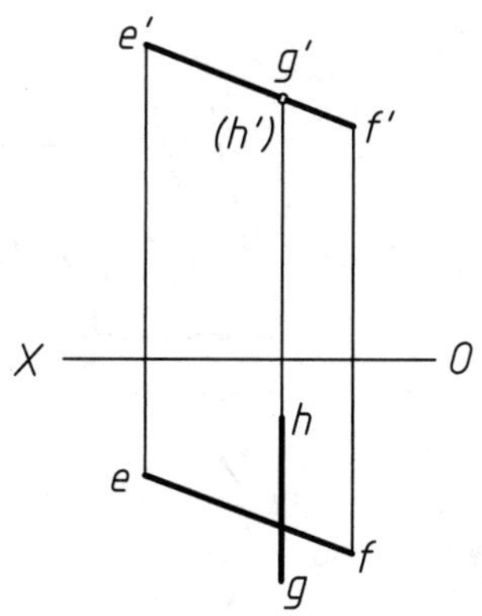

（3） IJ、KL为（　　　）

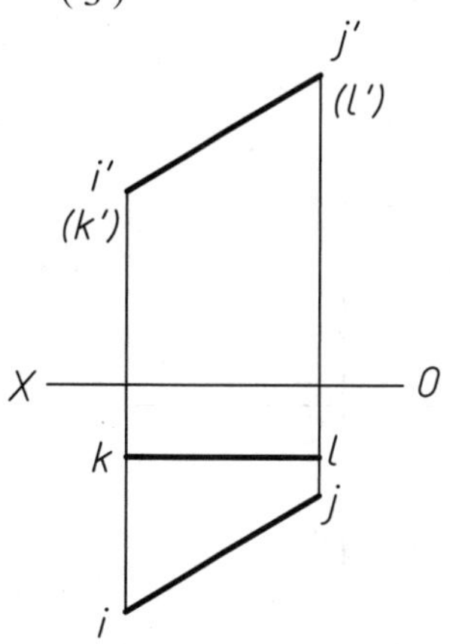

（4） MN、PQ（　　　）

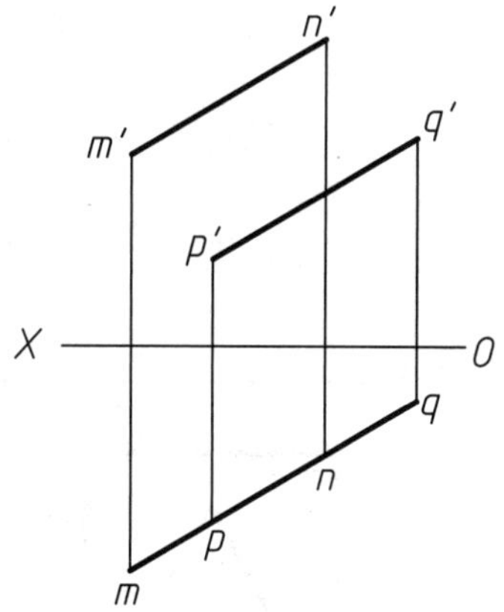

（5） RS、TU为（　　　）

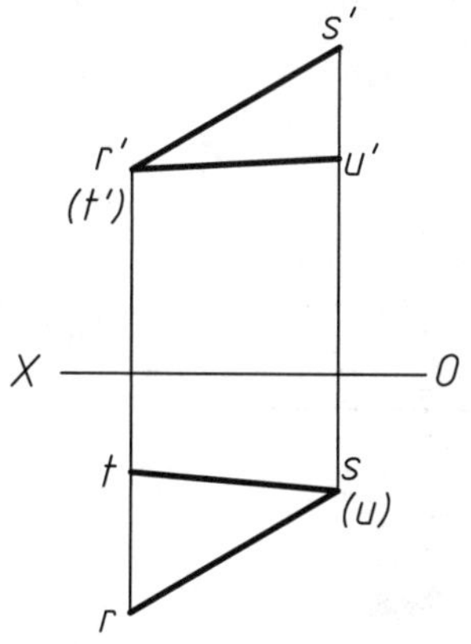

（6） WX、YZ为（　　　）

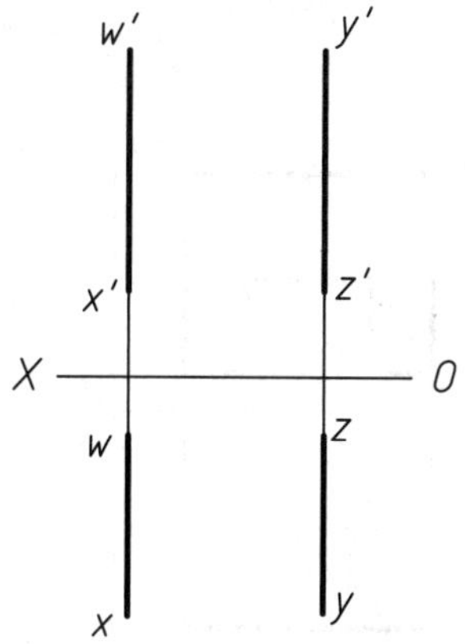

5. 判别交叉两直线的重影点及其可见性。

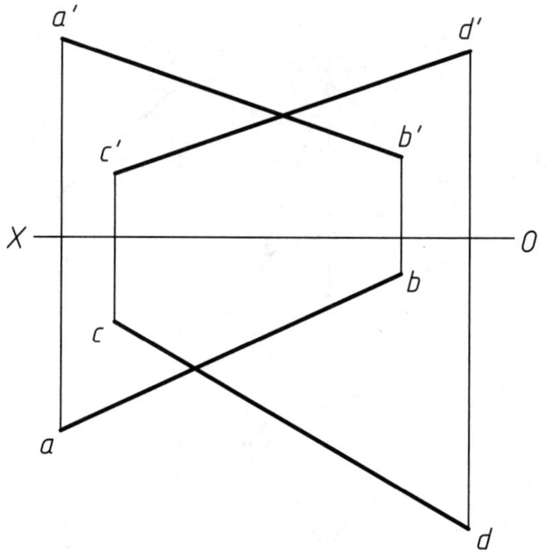

6. 已知 c'，作一铅垂线 CD（距 V 面 10mm，实长为 20mm）的三面投影。

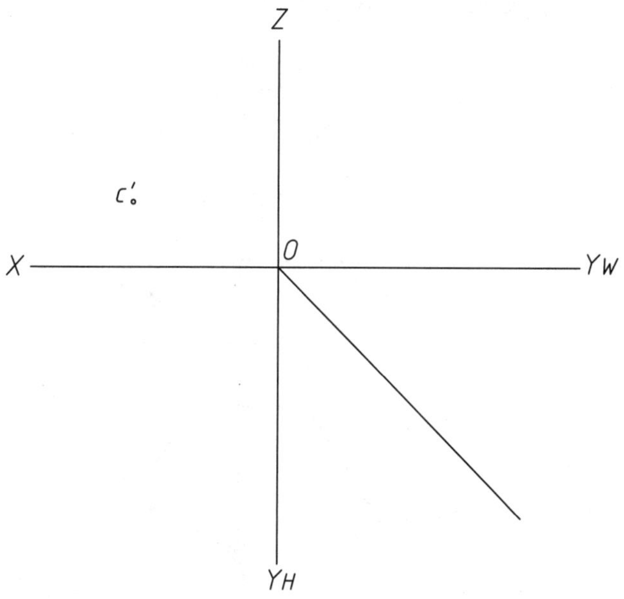

7. 在三面视图上标注出直线 AB、CD 的另两面投影，并在直观图上标注出 A、B、C、D 点。

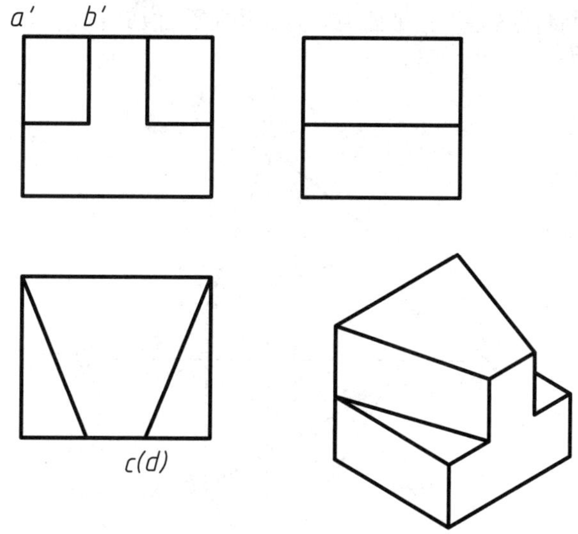

AB为（　　　）线
CD为（　　　）线

2-4 平面的投影

1. 根据平面的两面投影求作第三面投影。

（1）
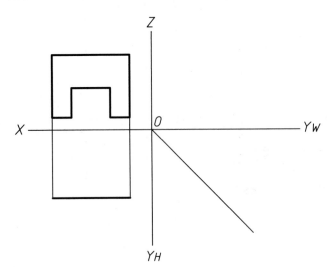

（2）
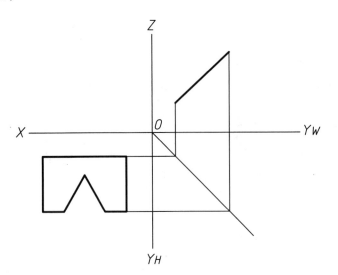

（3）
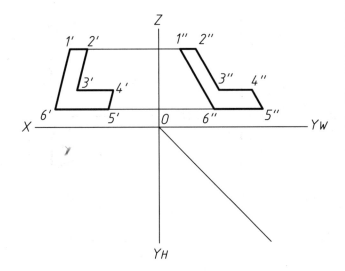

2. 判断点K是否在平面ABC上。并在平面ABC内过A点作一水平线，过B点作一正平线。

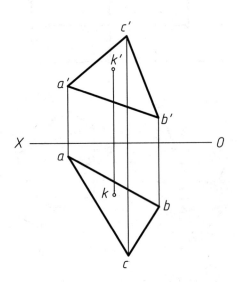

3. 完成五边形ABCDE的V面投影。

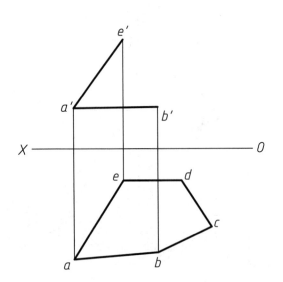

4. 直线DE平行于平面ABC，求DE的水平投影。

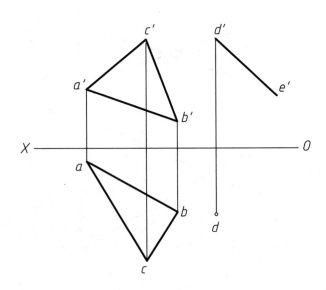

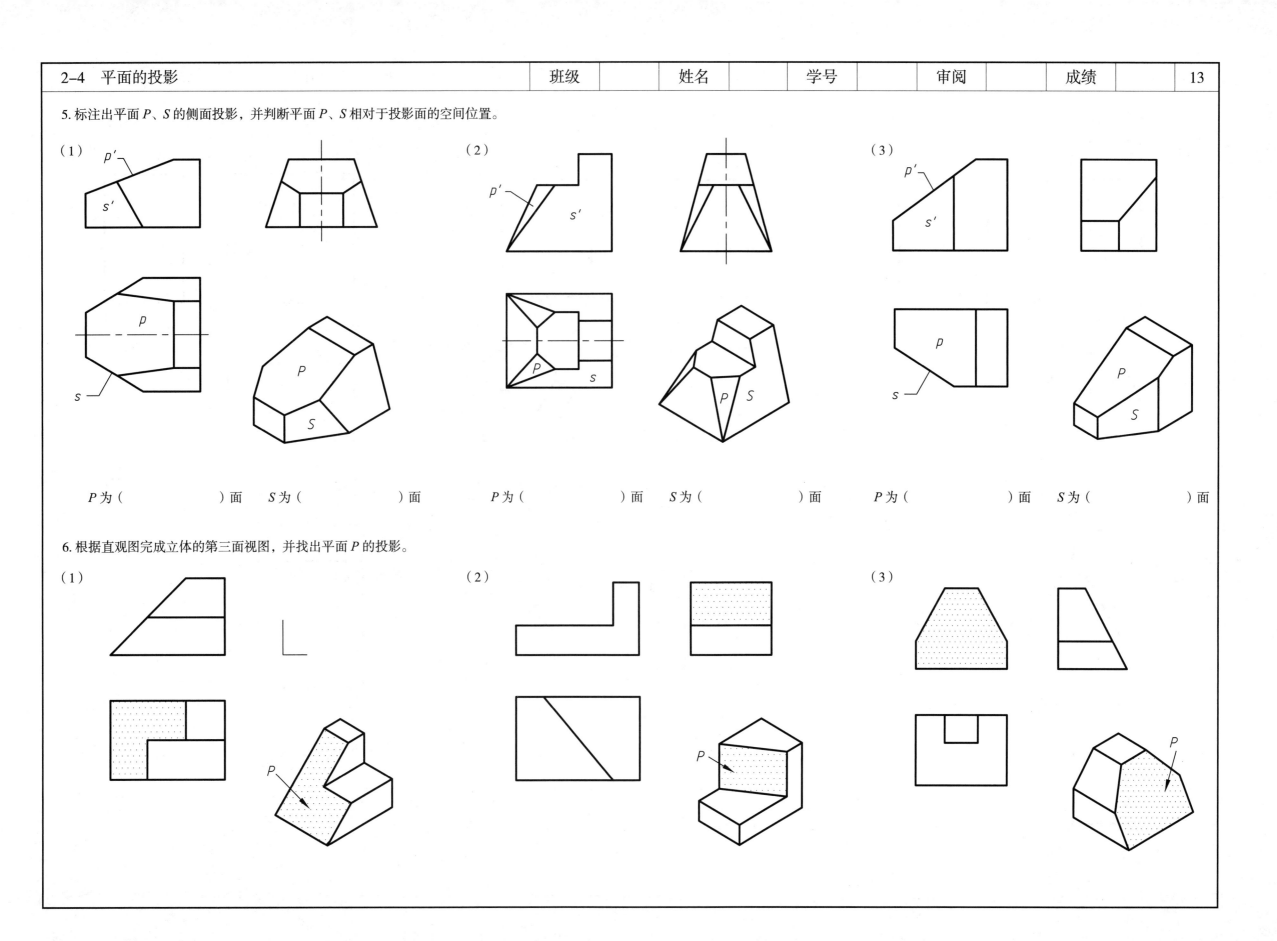

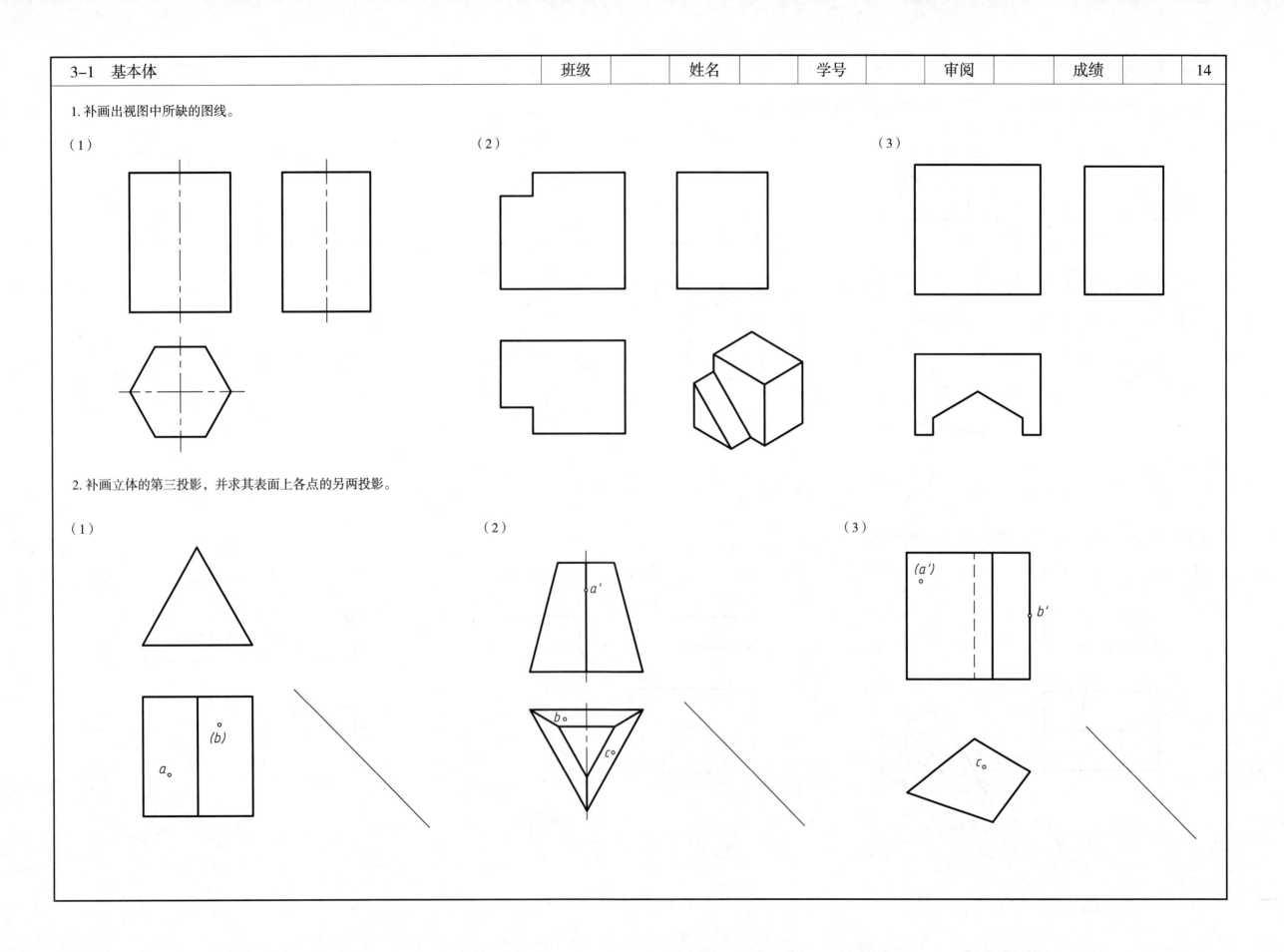

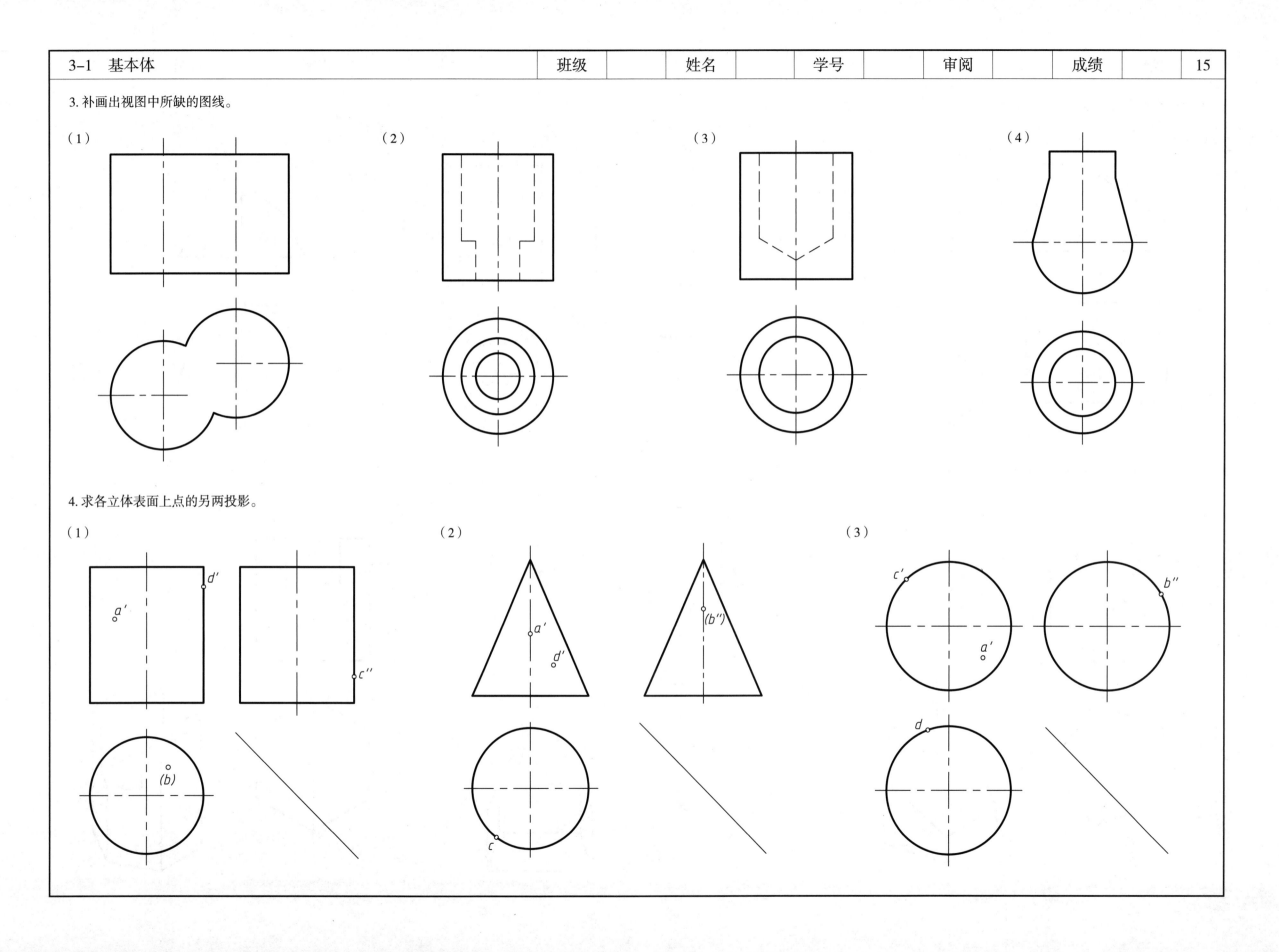

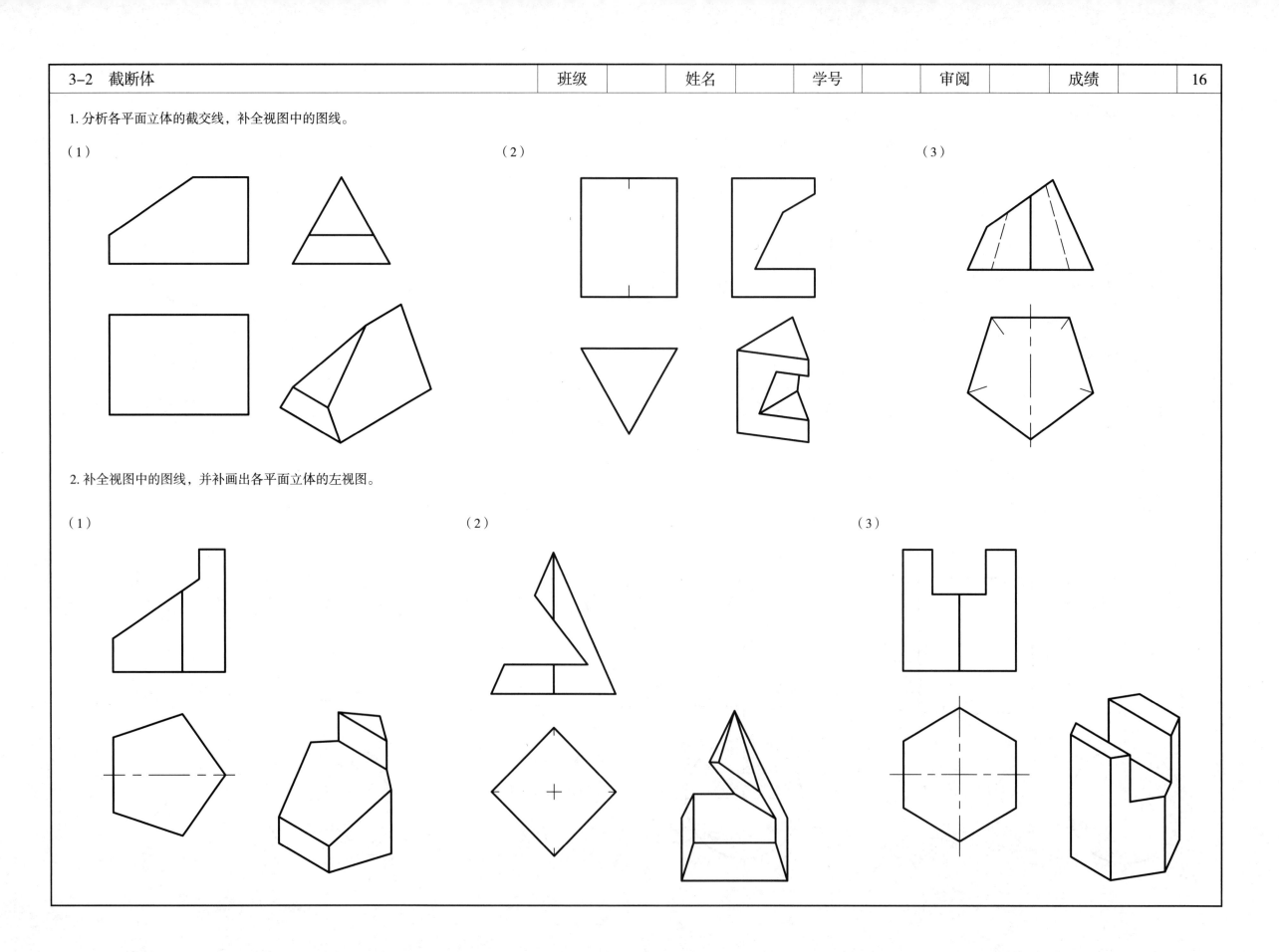

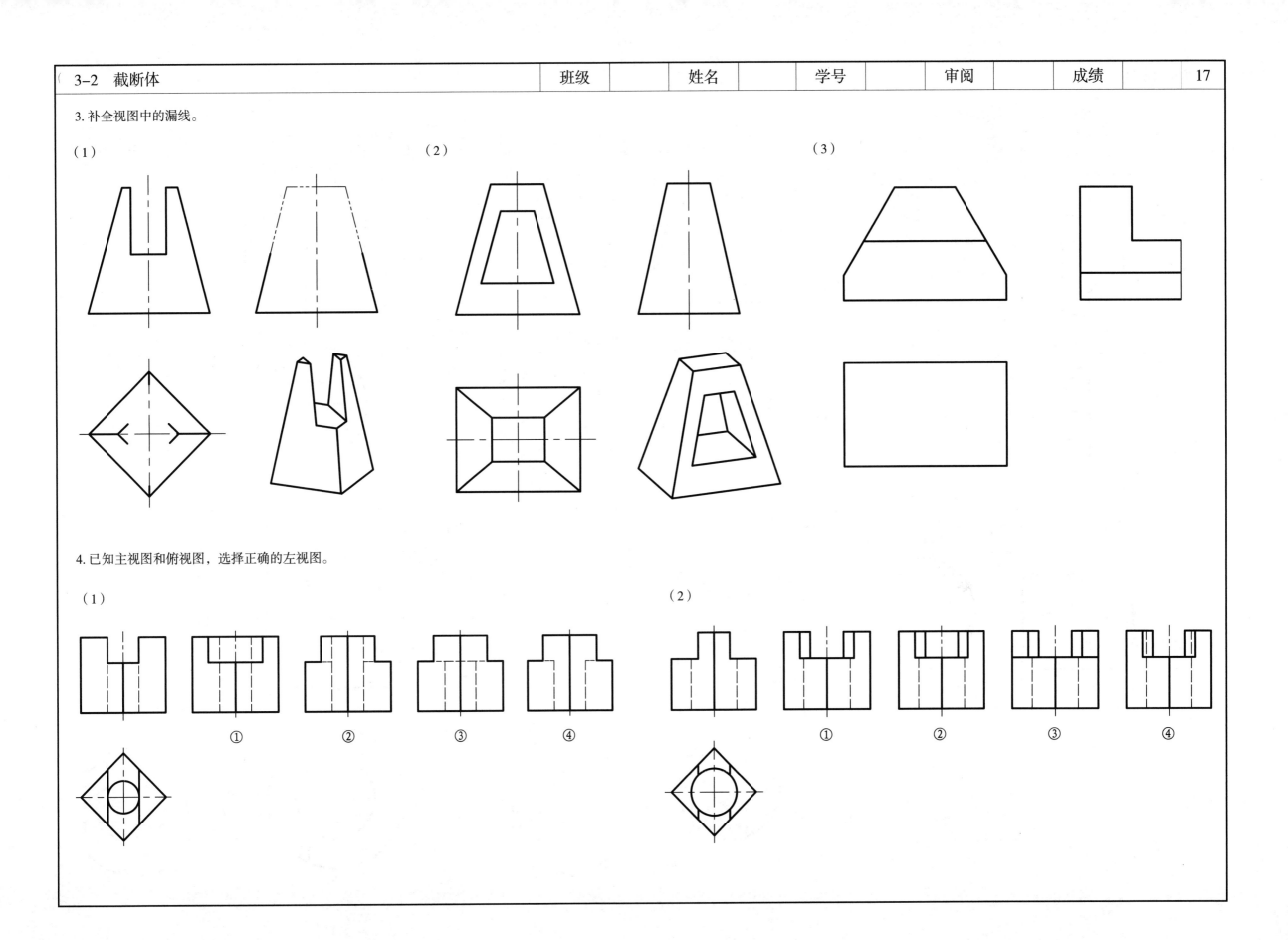

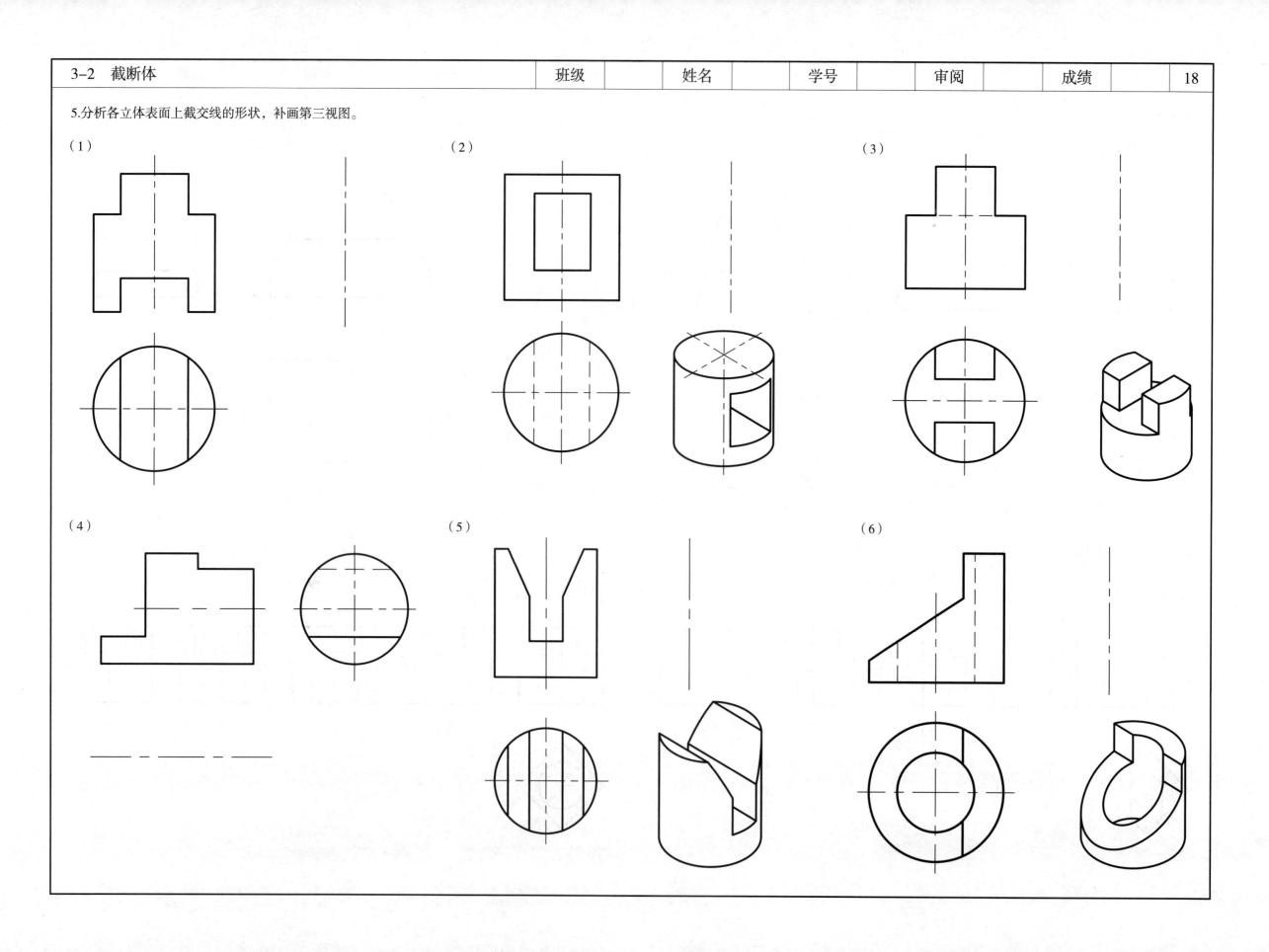

3-2 截断体

6. 分析各立体表面上截交线的形状，补画视图中的漏线及第三视图。

(1)　　　　　　　　　　(2) 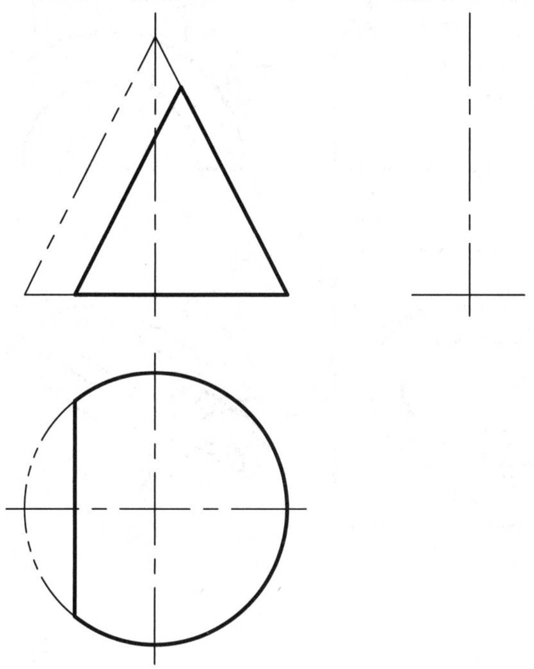　　　　　　　　　　(3)

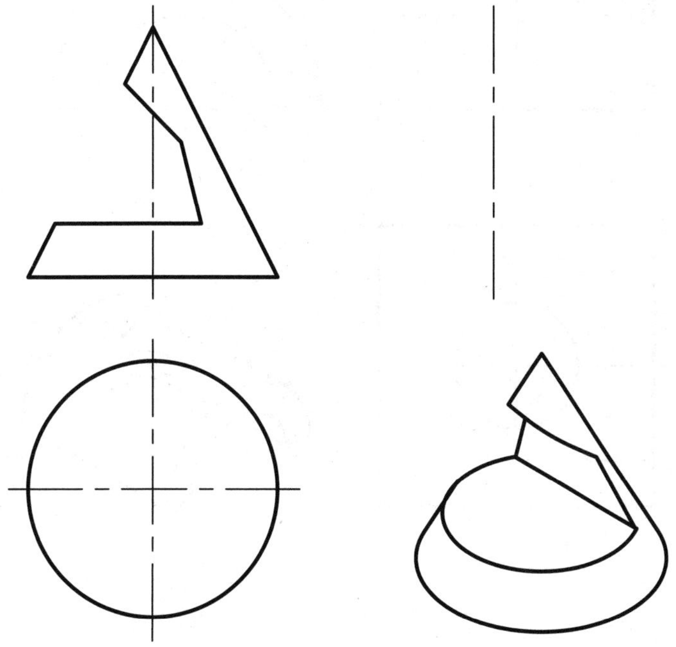

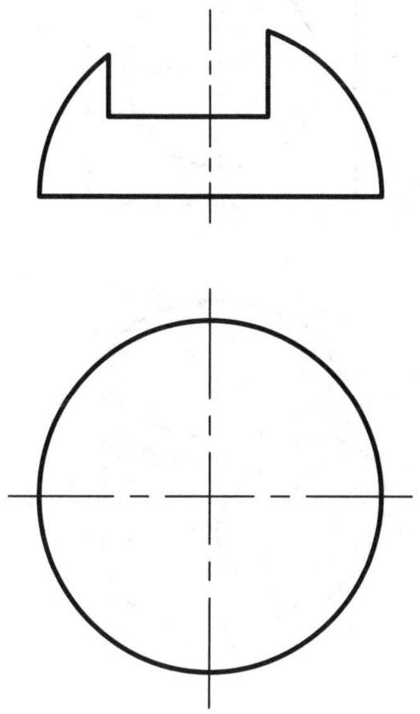

(4) 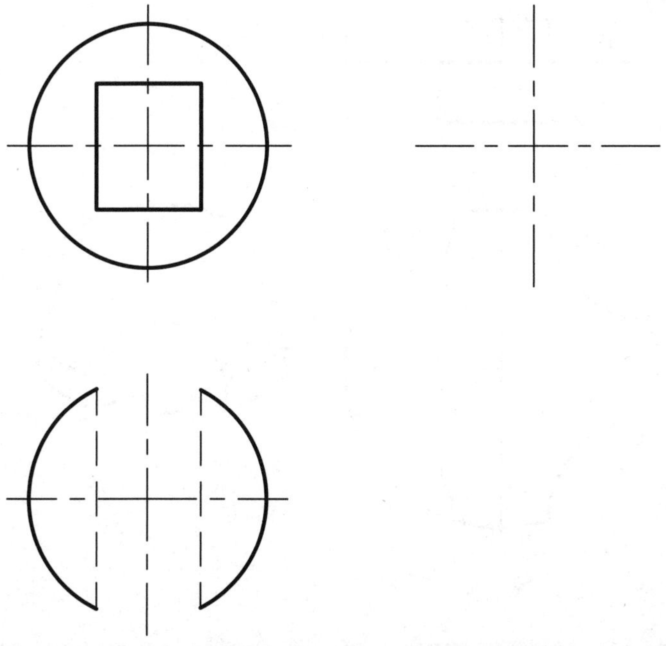　　　　　　　　　　(5) 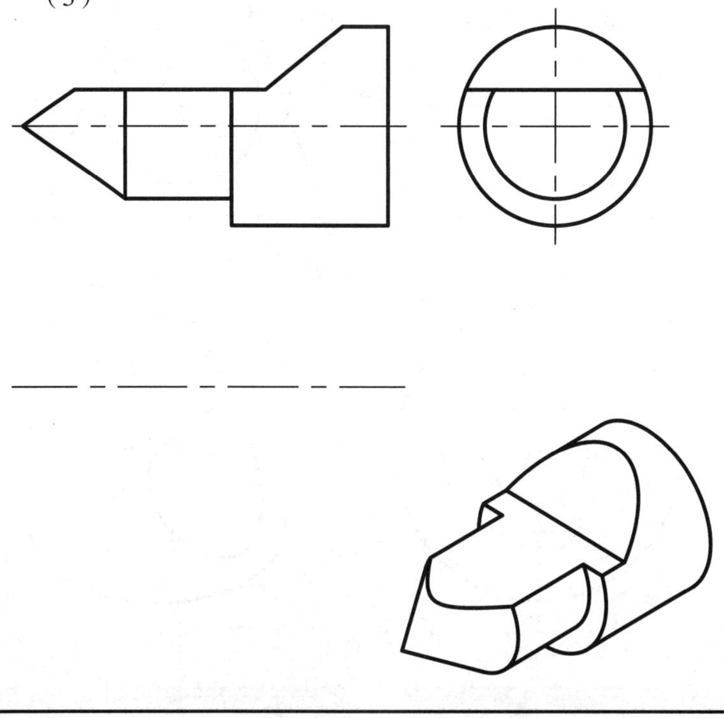　　　　　　　　　　(6)

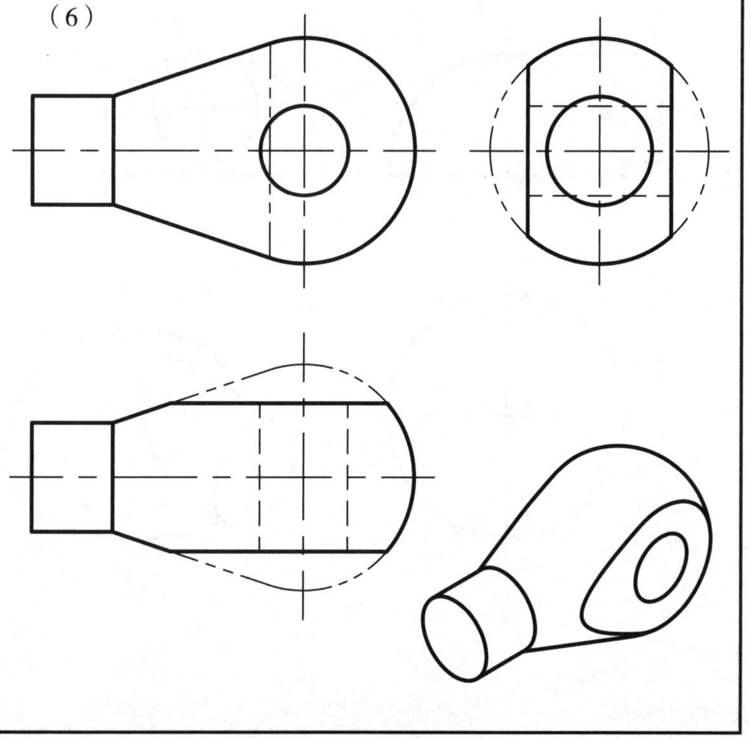

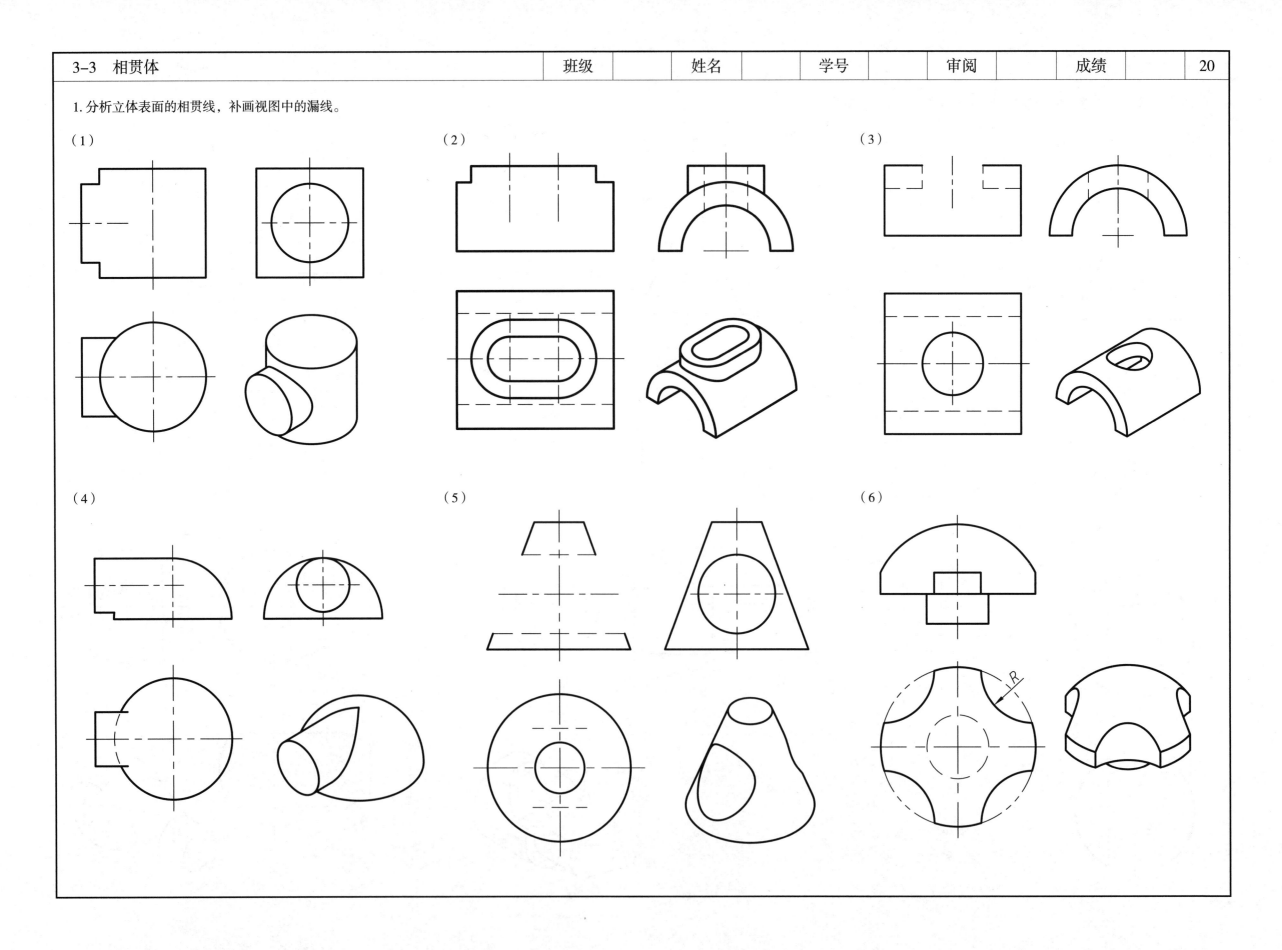

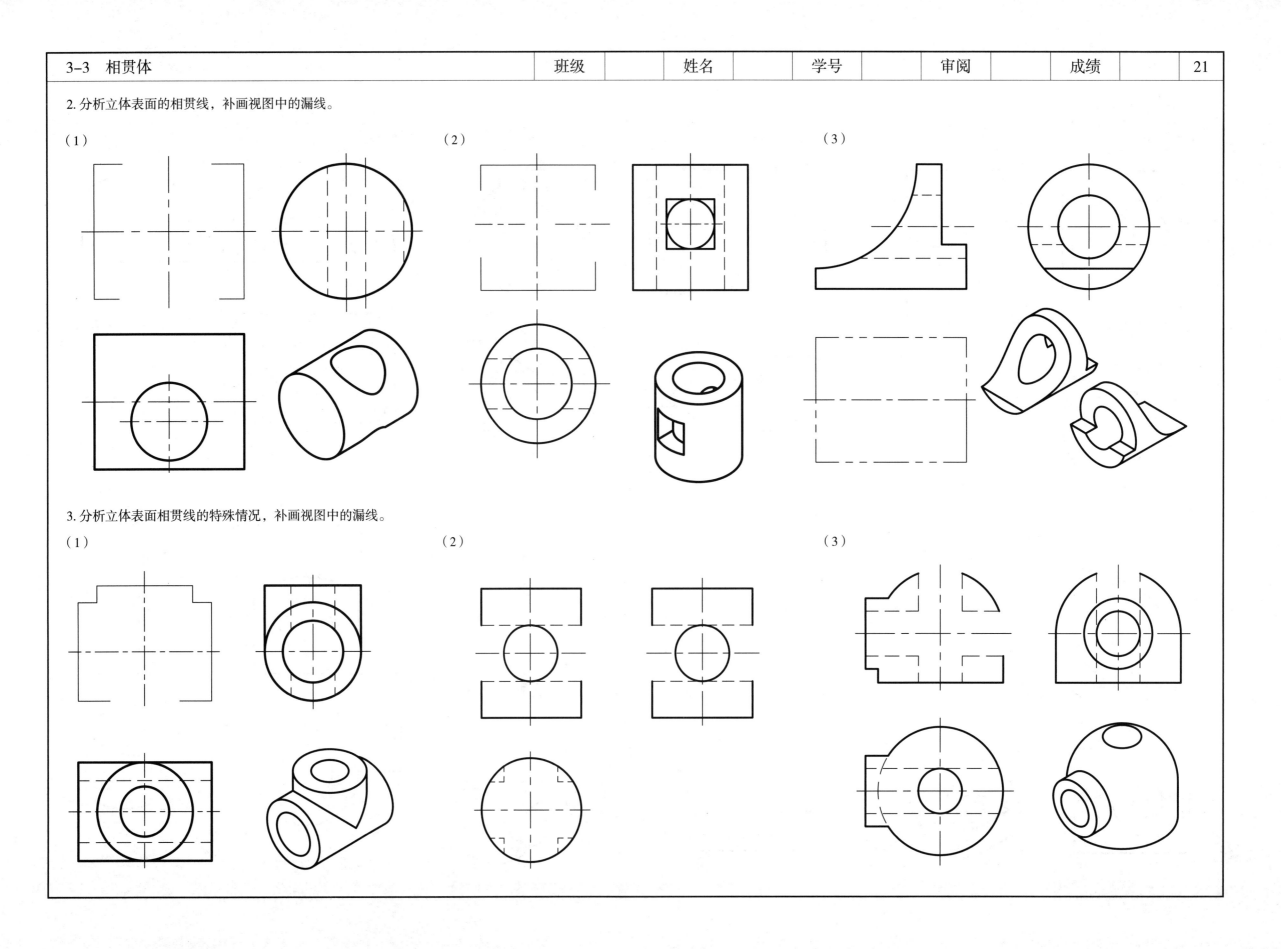

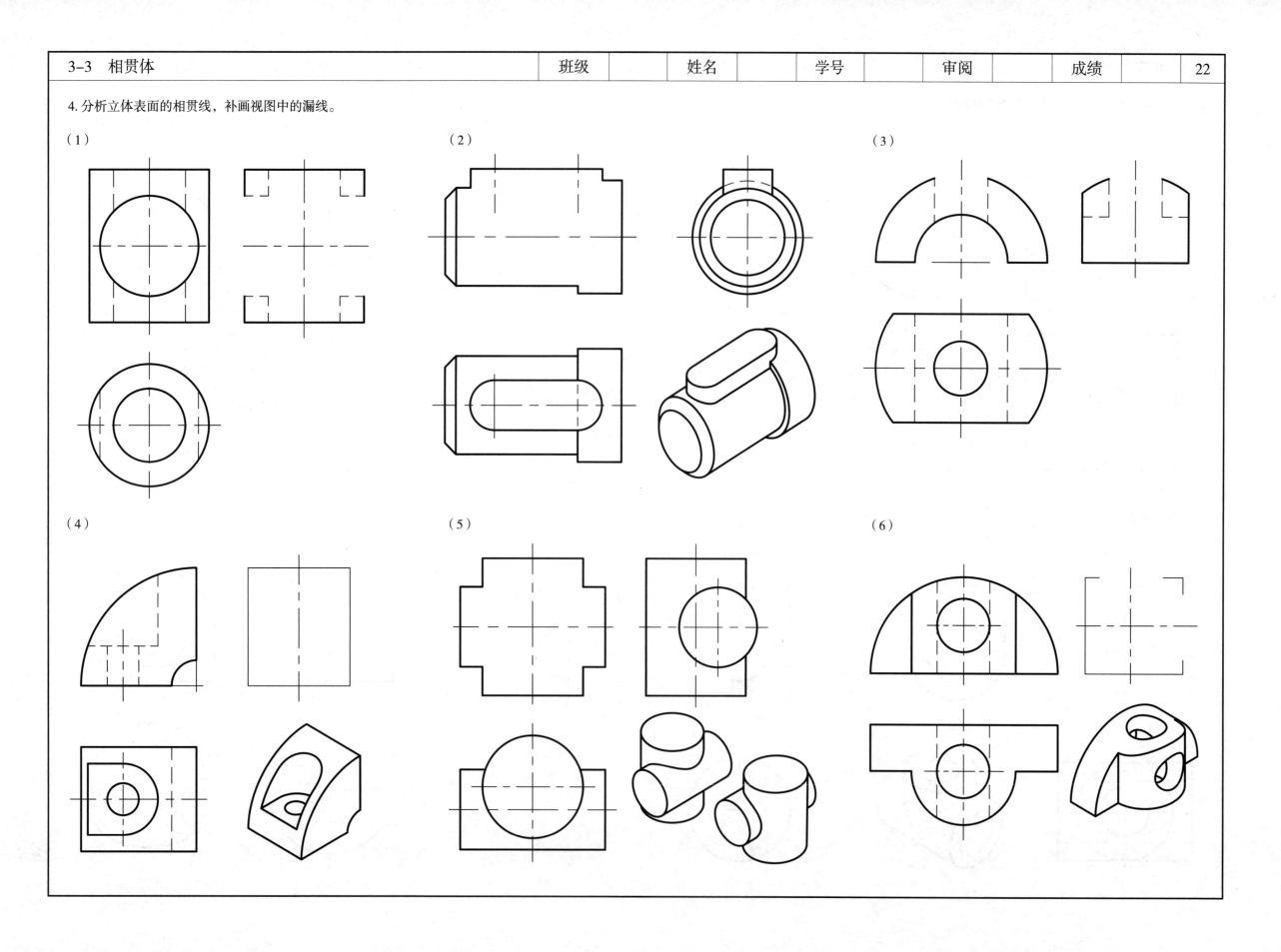

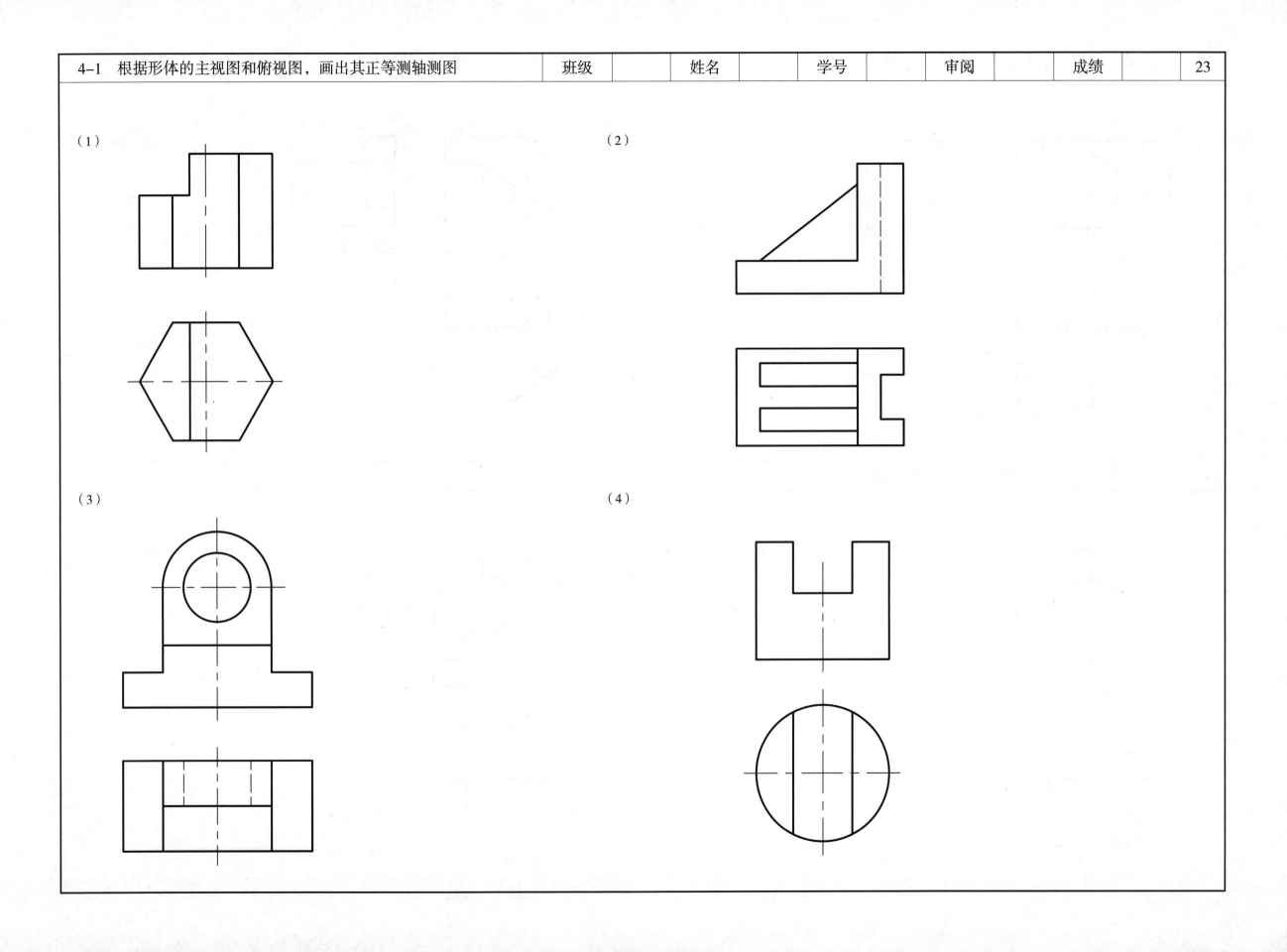

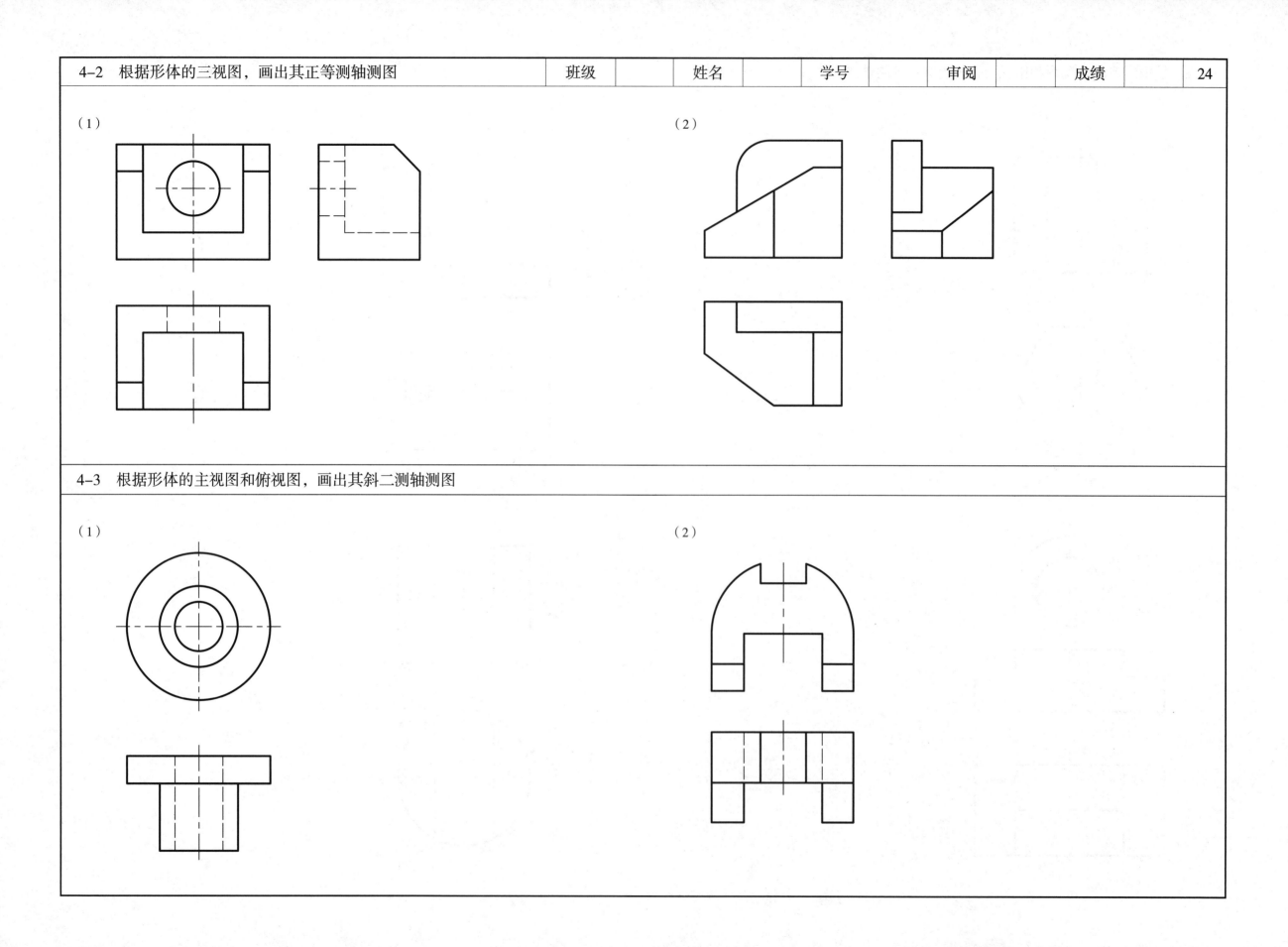

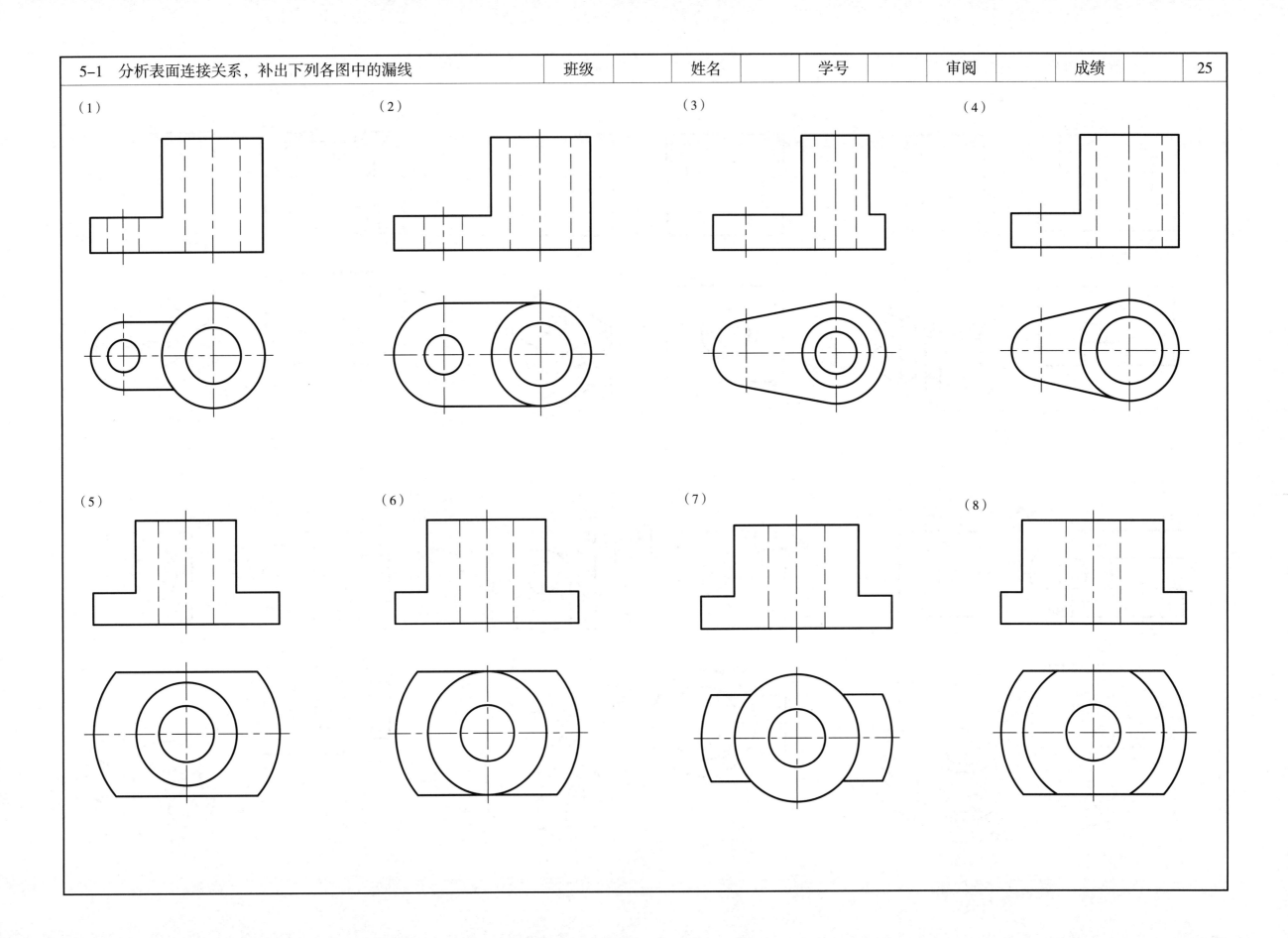

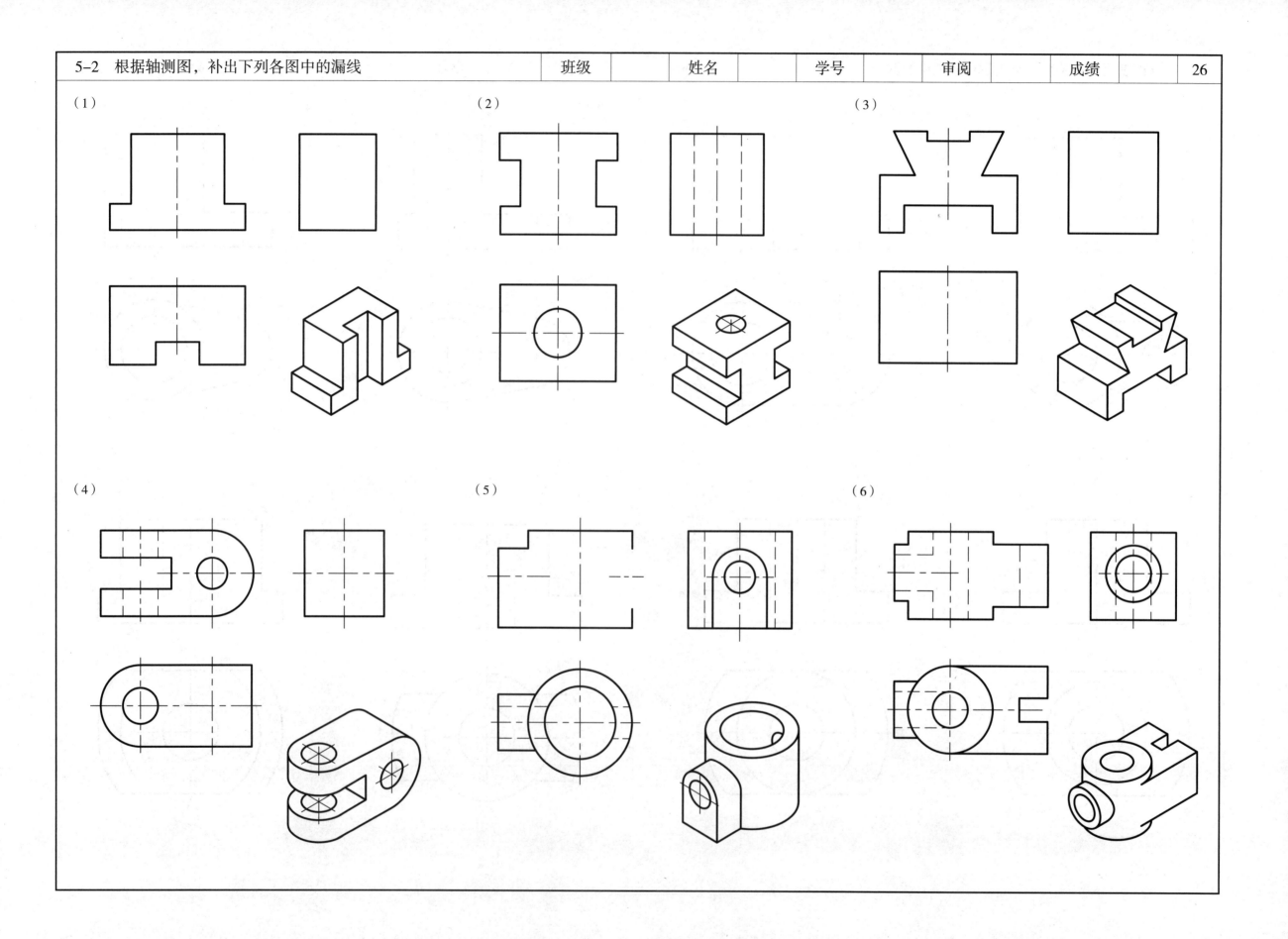

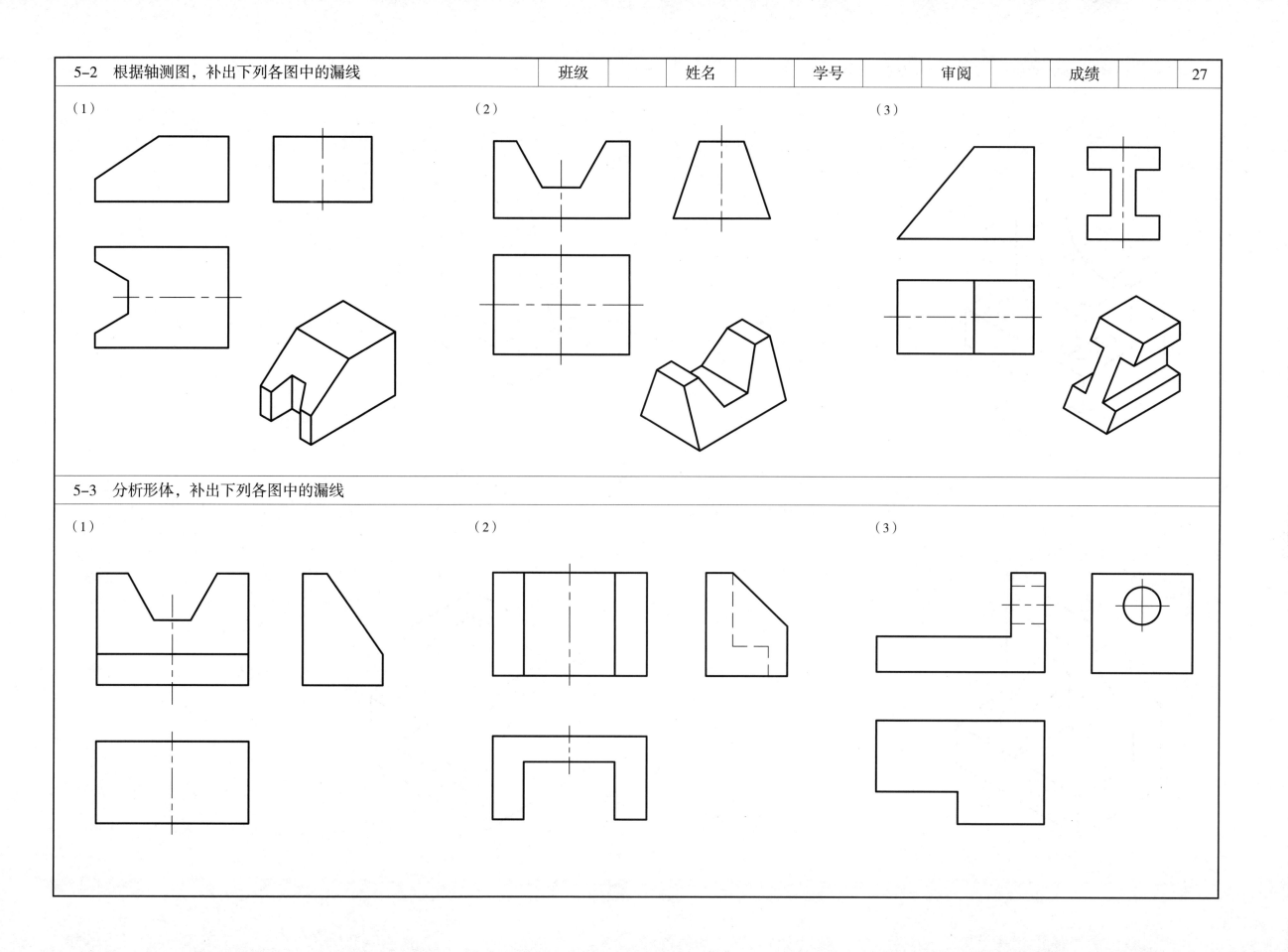

5-4 根据轴测图,画出三视图(尺寸从图中量取,并圆整) 班级 姓名 学号 审阅 成绩 28

(1)

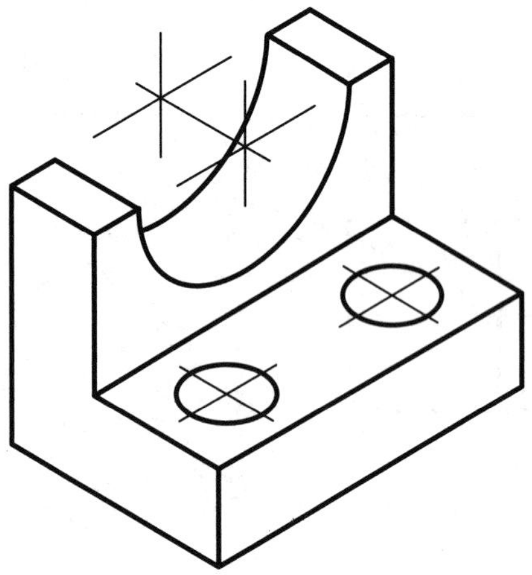

(2)

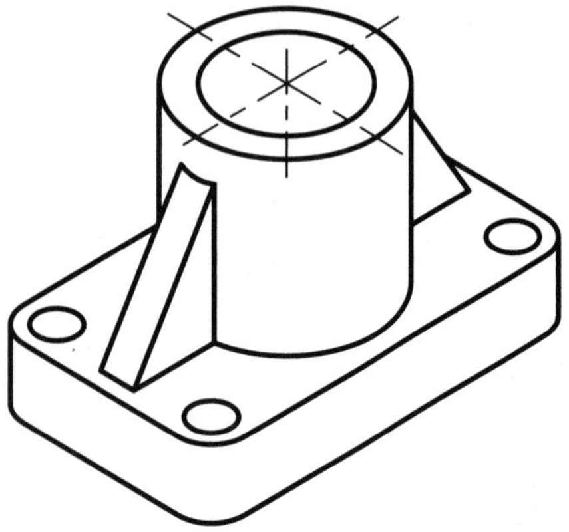

(3)

(4)

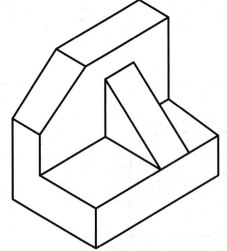

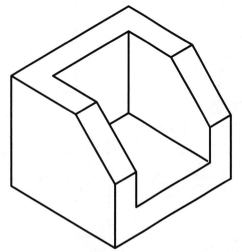

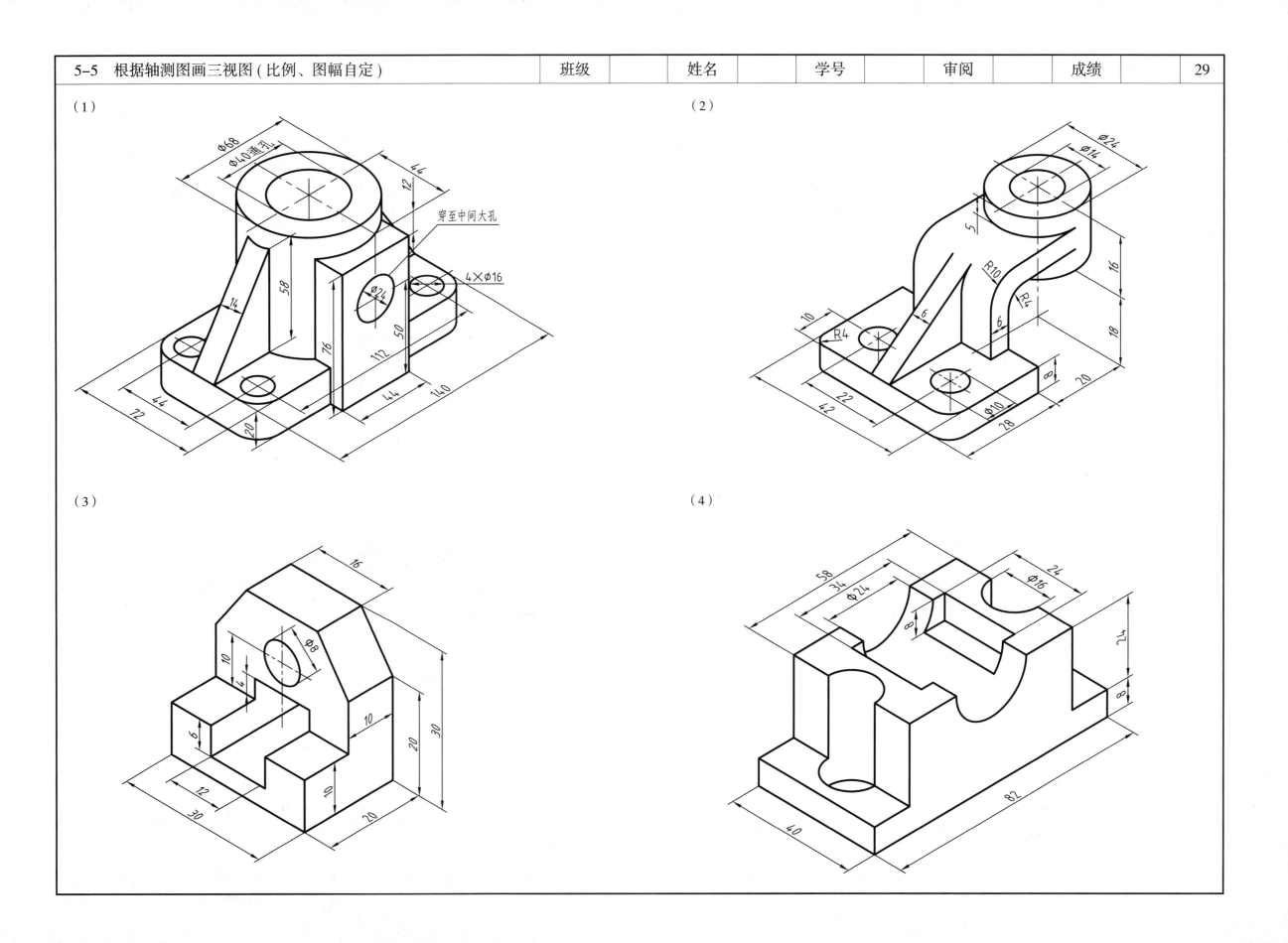

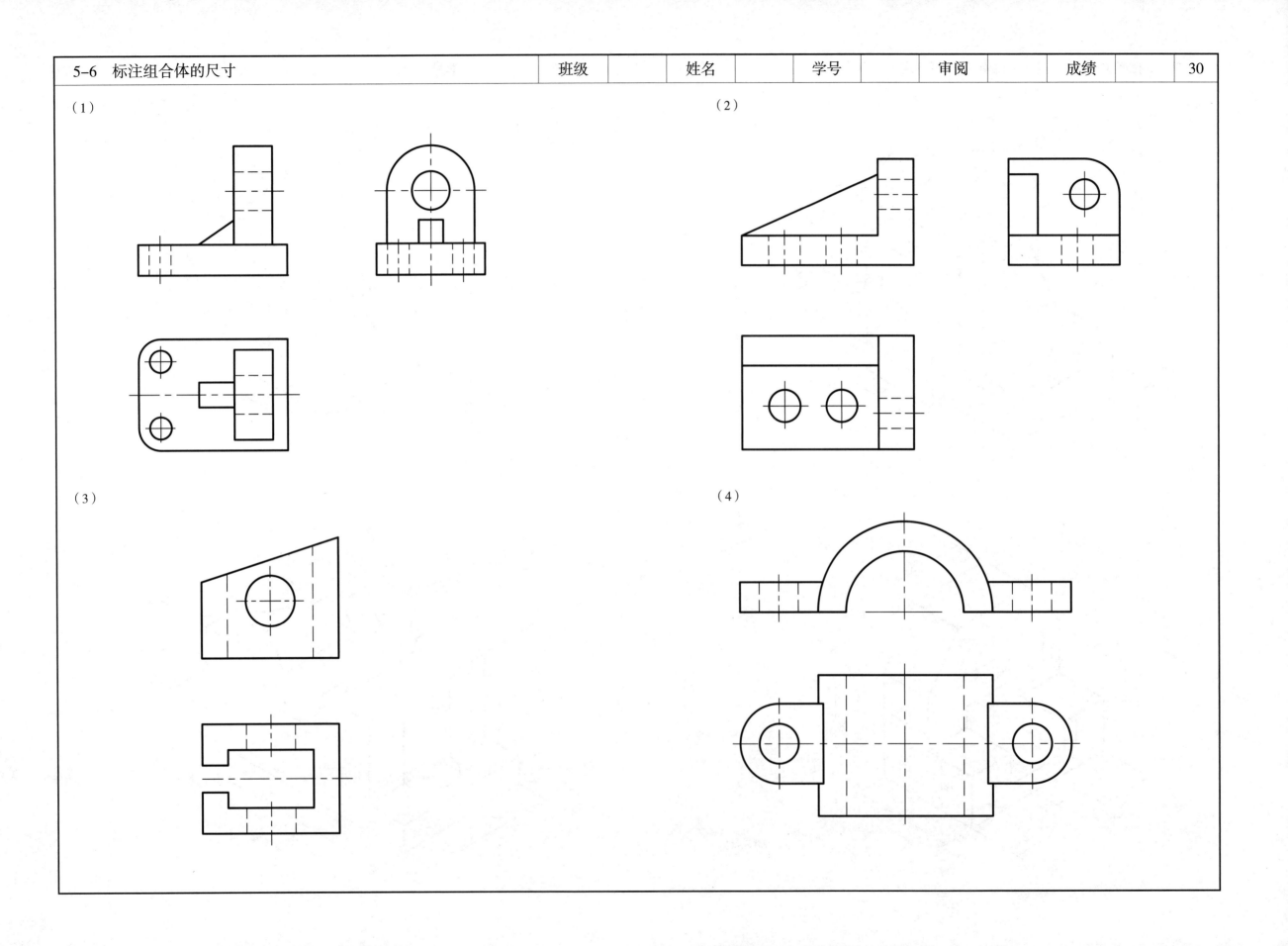

5-7 读组合体视图

1. 对形体做出分析，徒手绘出轴测图，并找出正确的左视图。

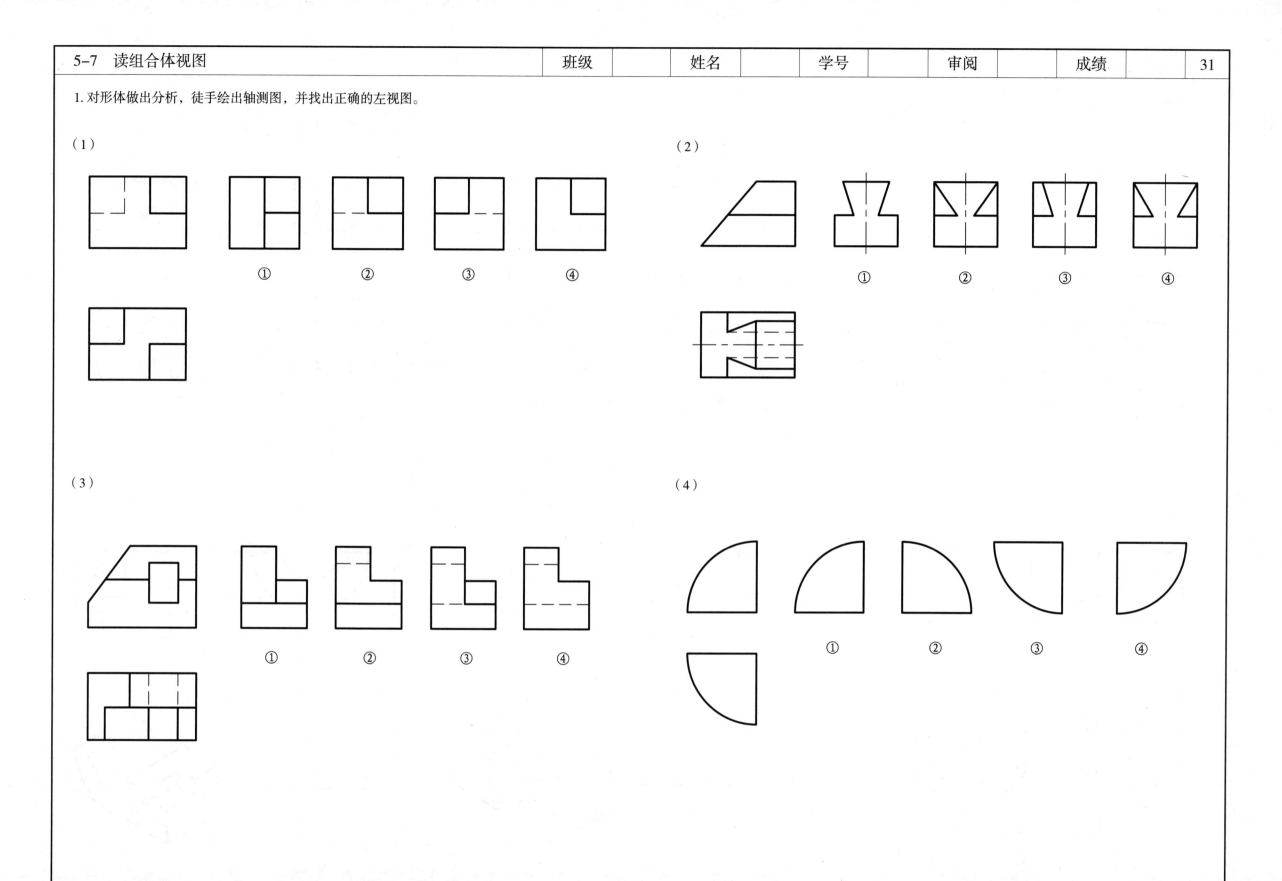

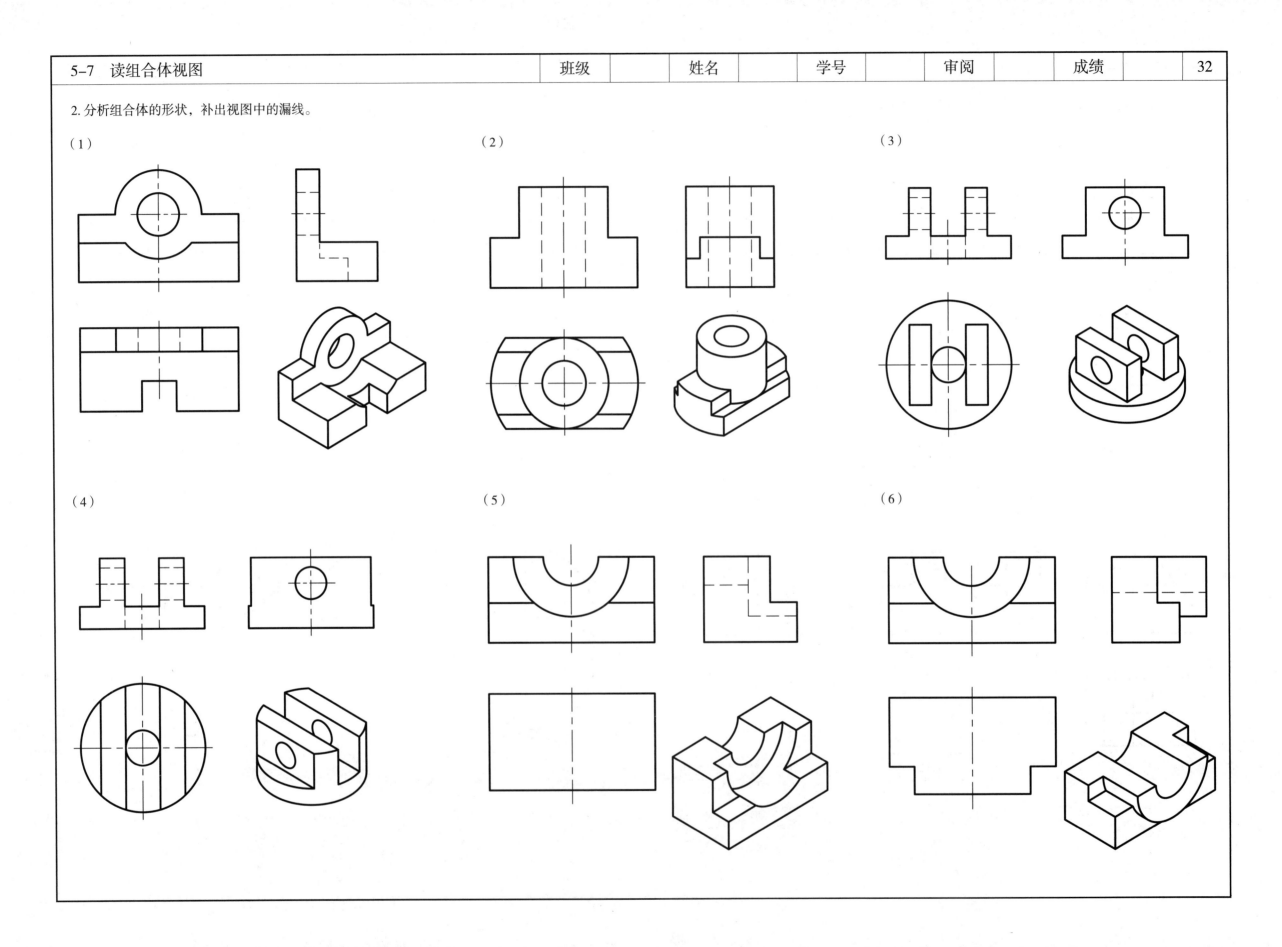

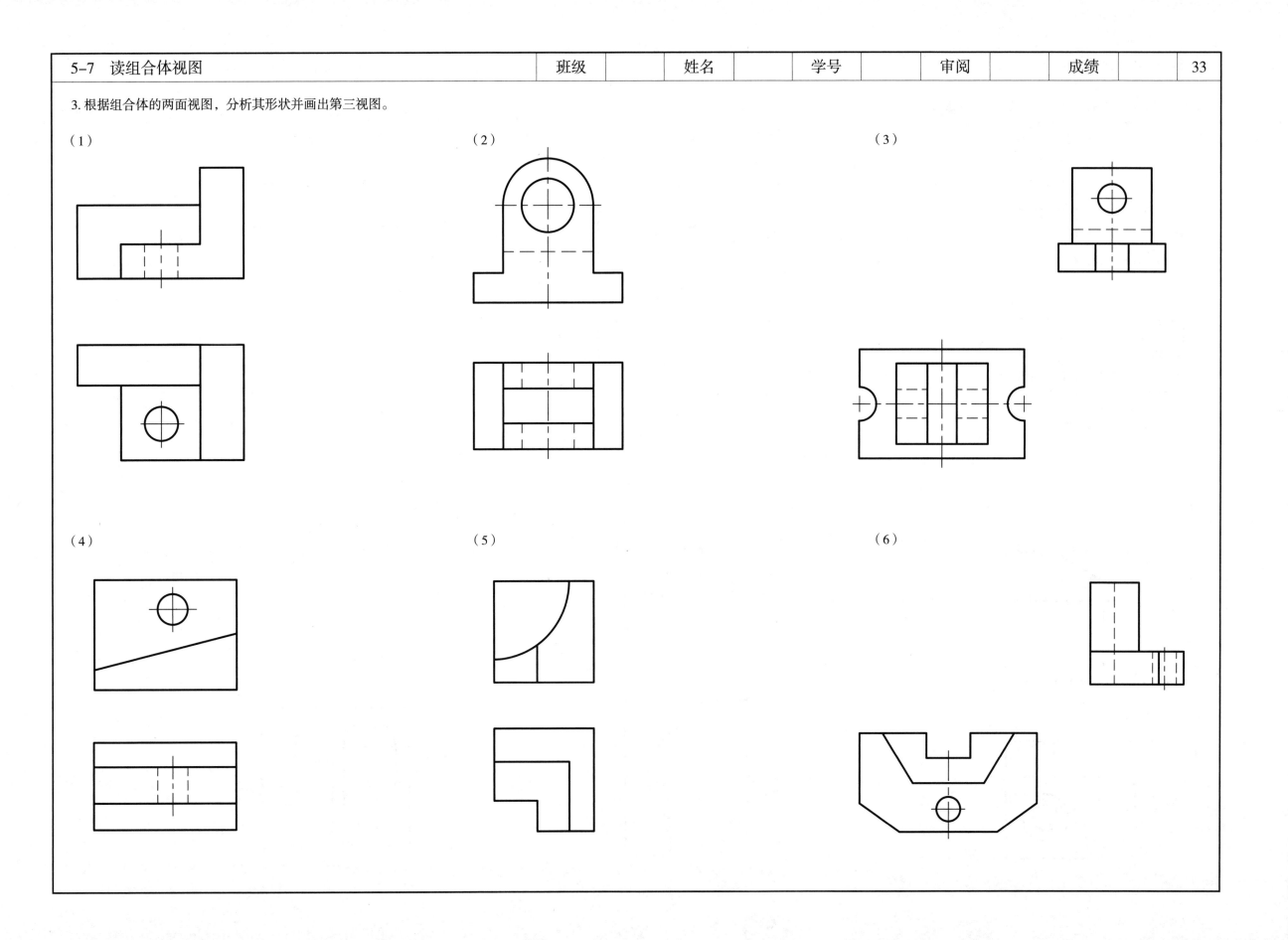

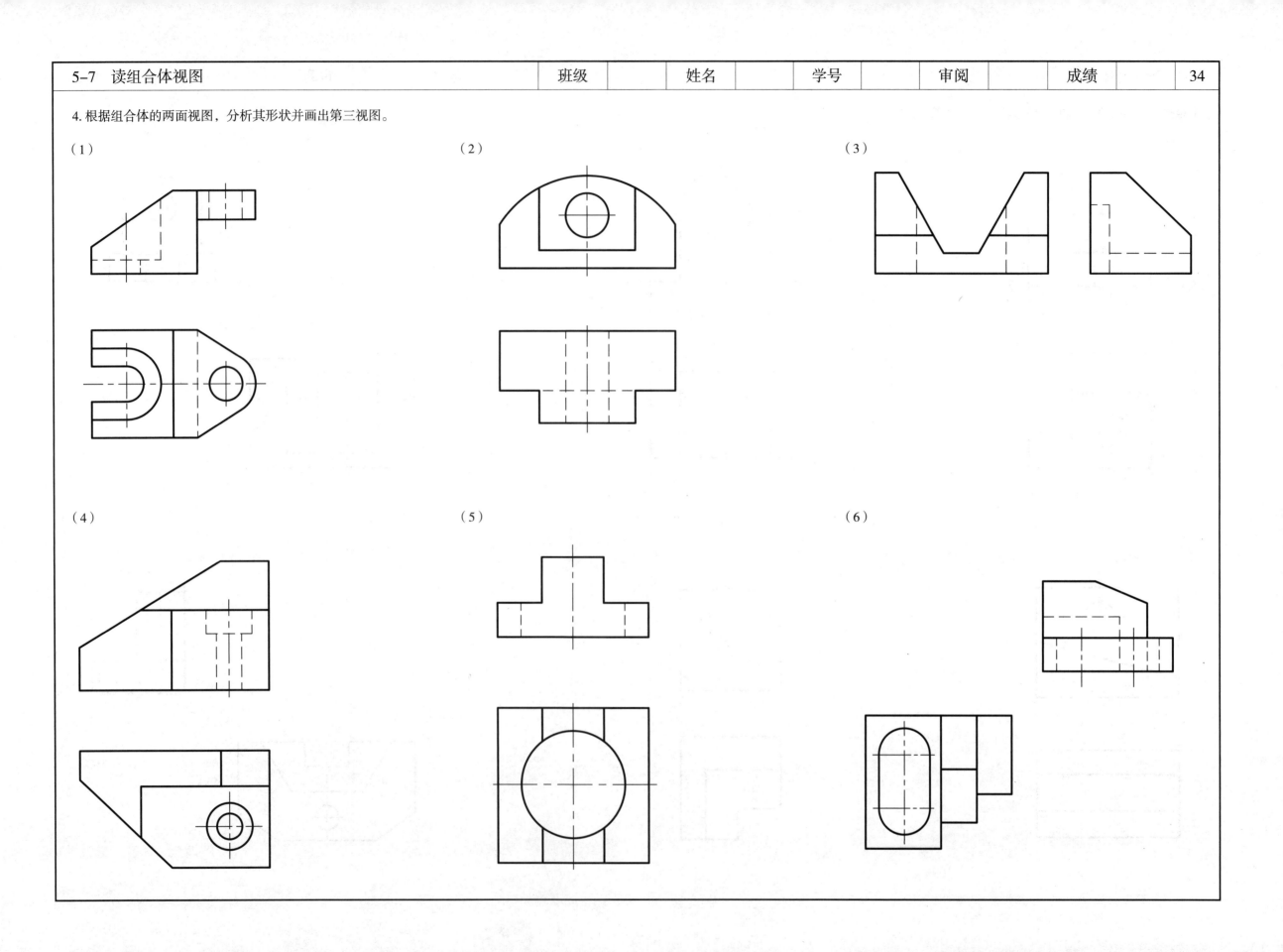

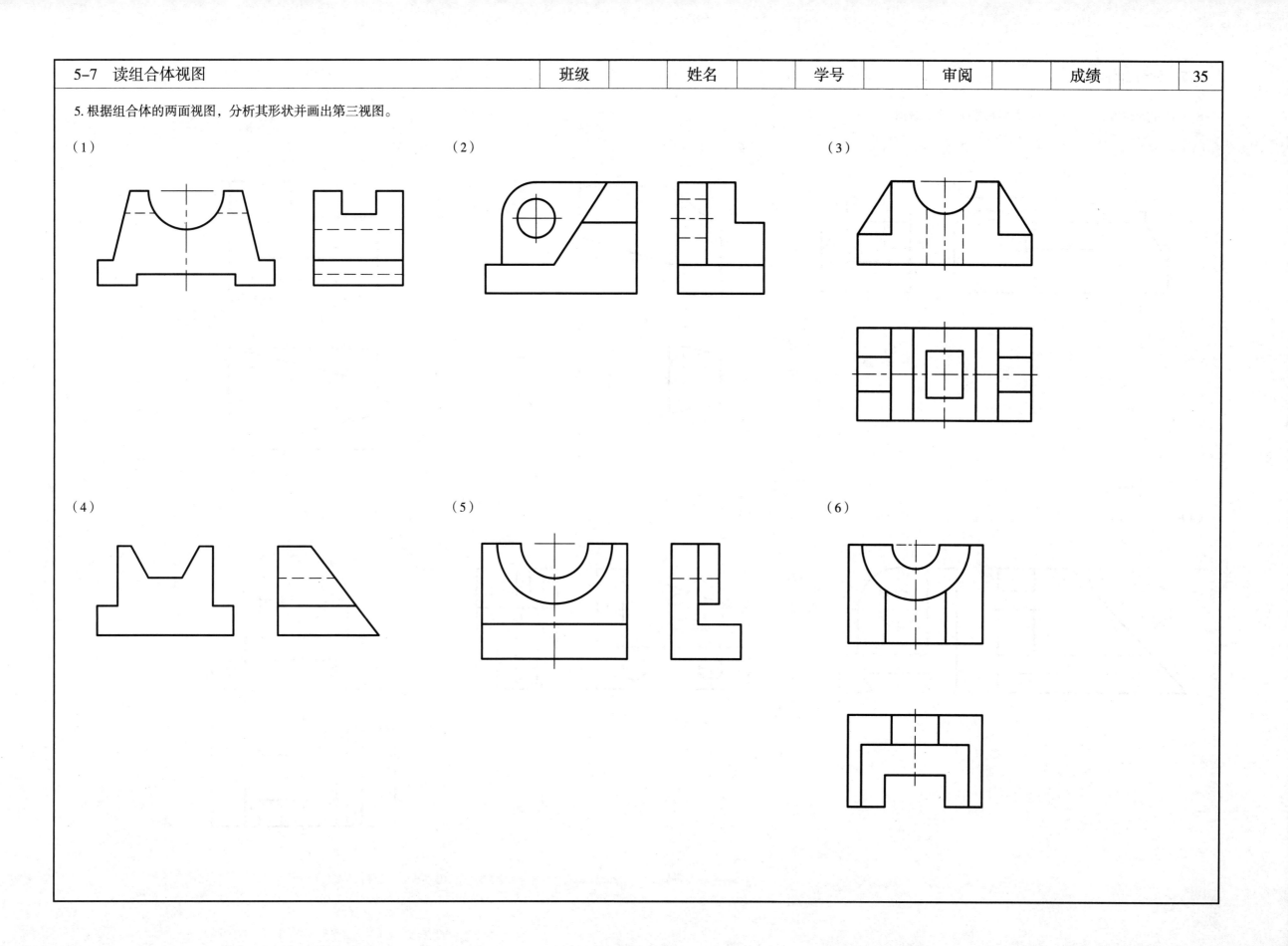

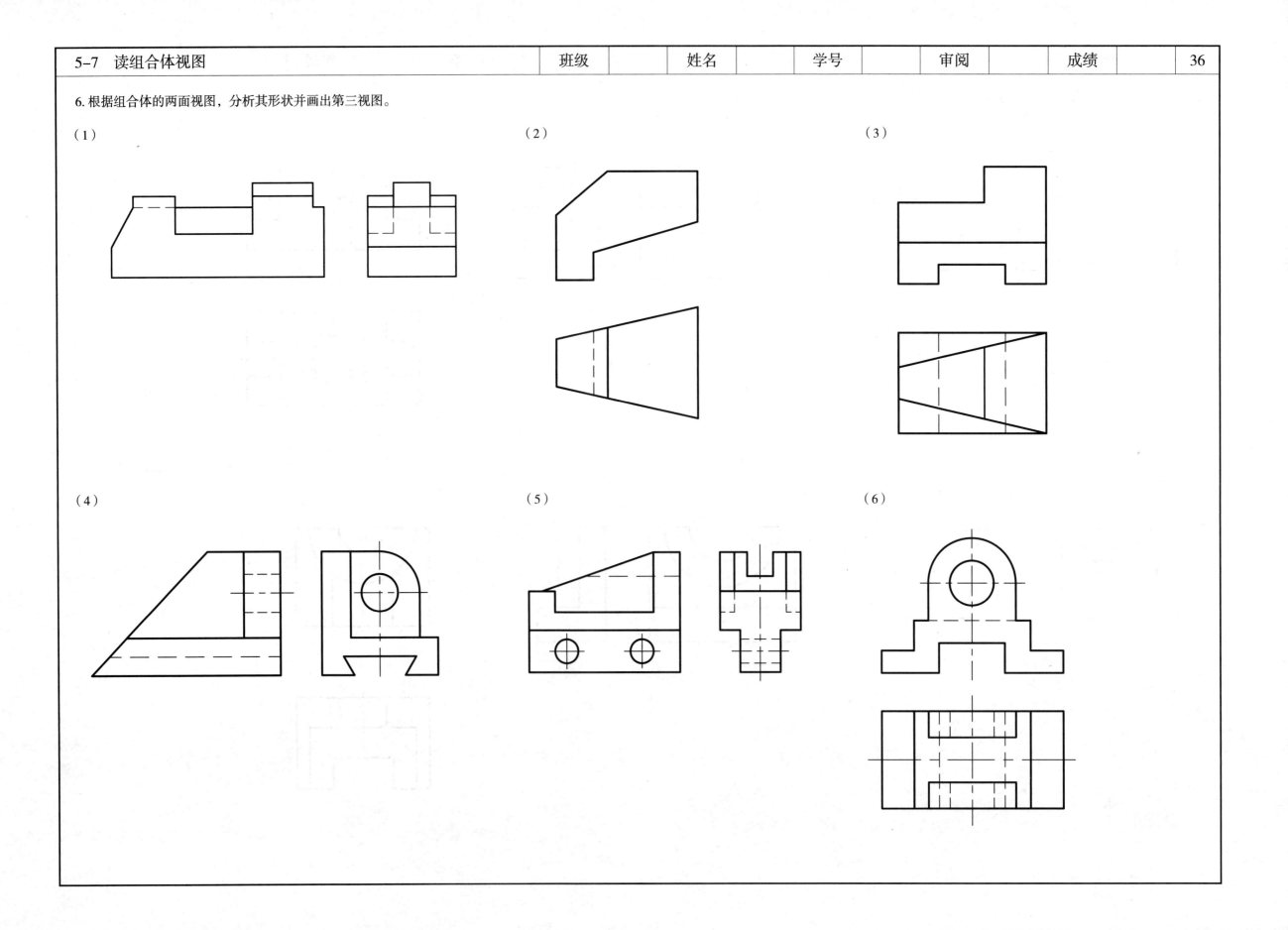

5-7 读组合体视图

7. 根据组合体的两面视图，分析其形状并画出第三视图。

（1）

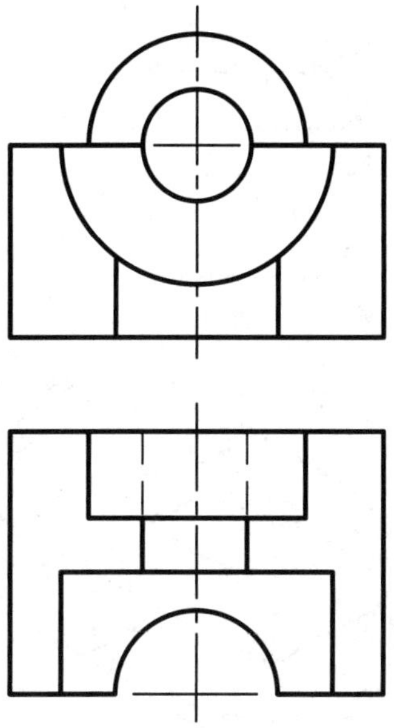

（2）

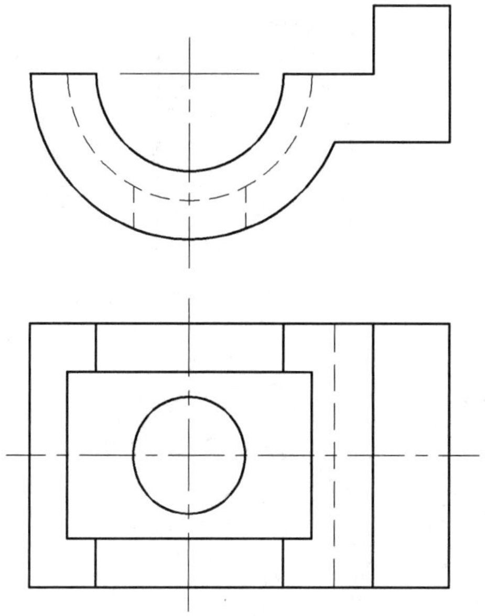

（3）

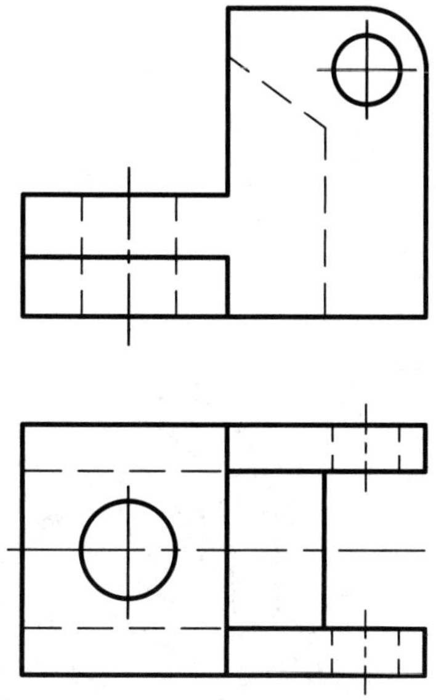

（4）

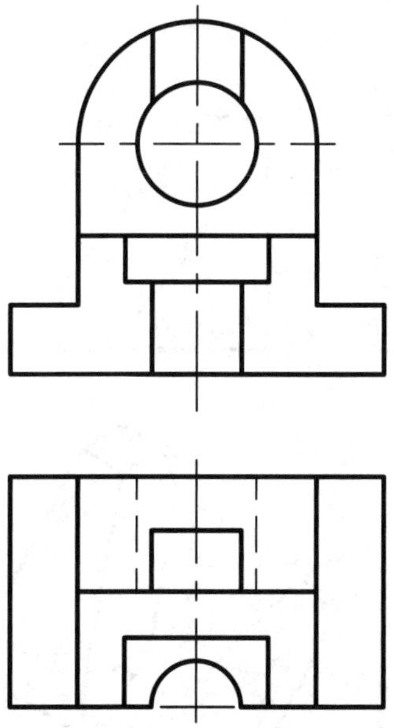

（5）

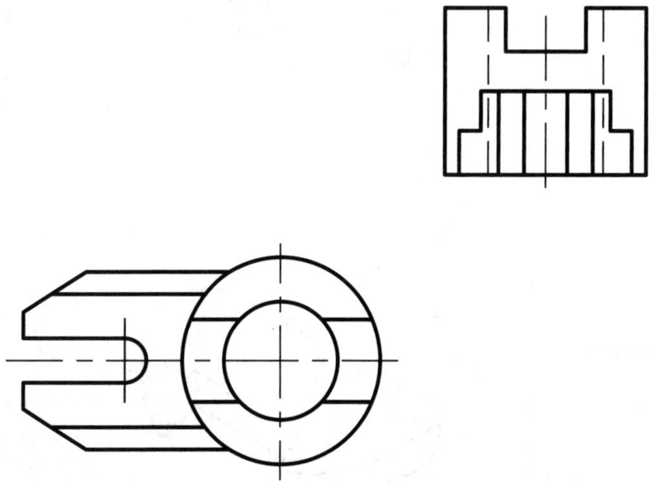

（6）

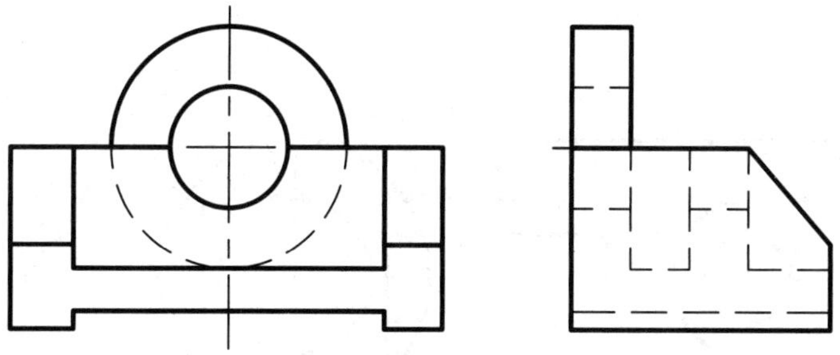

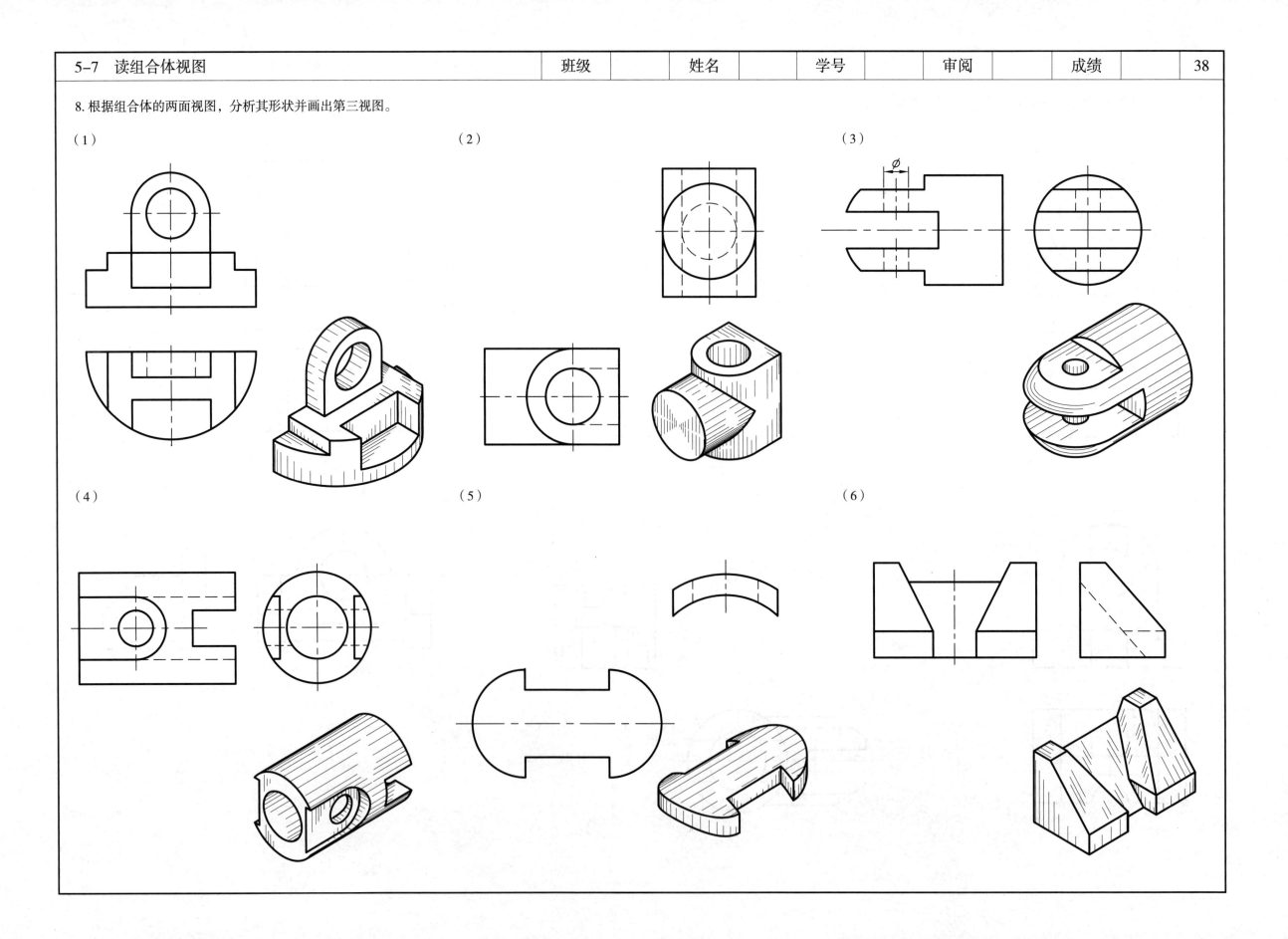

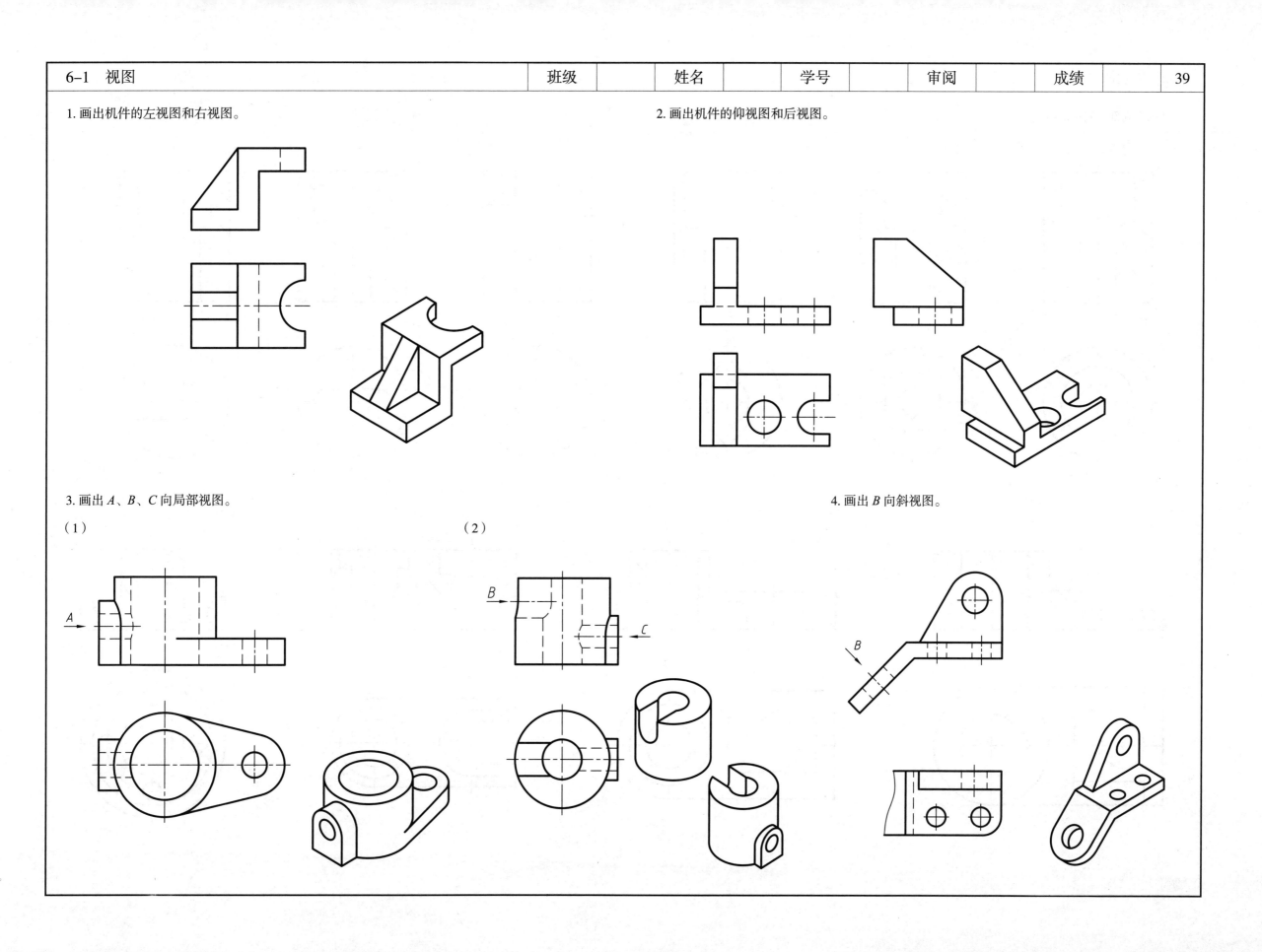

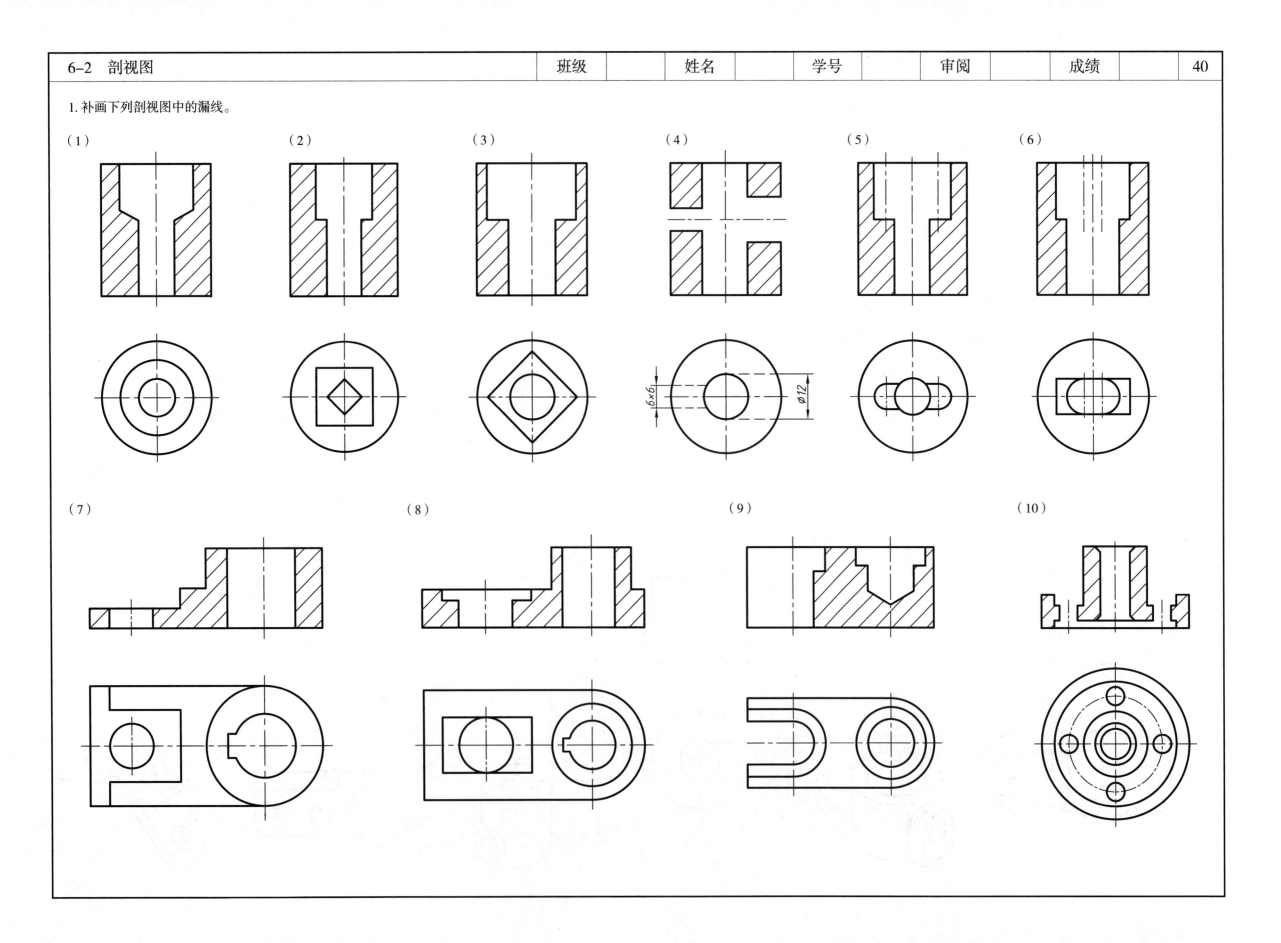

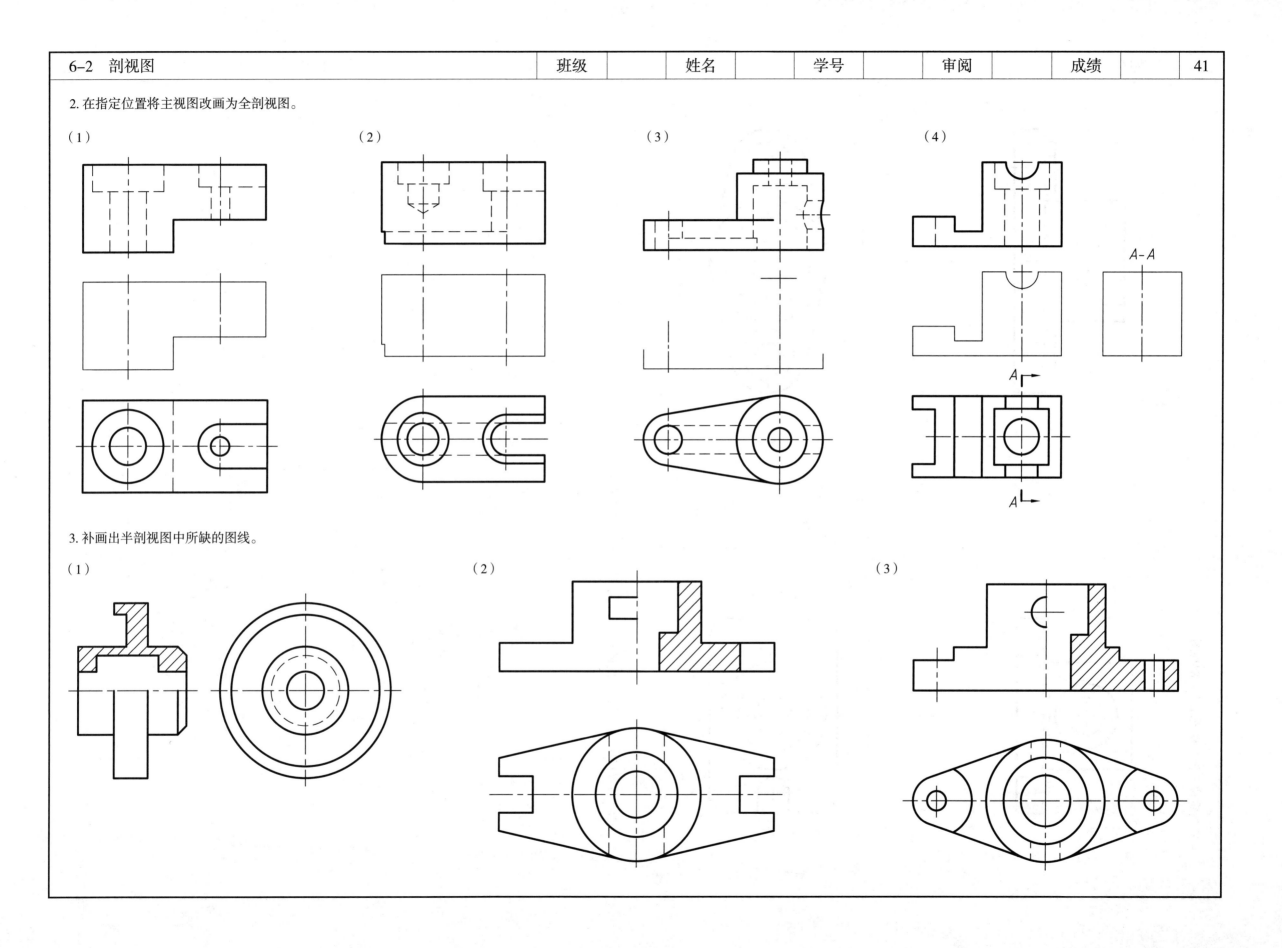

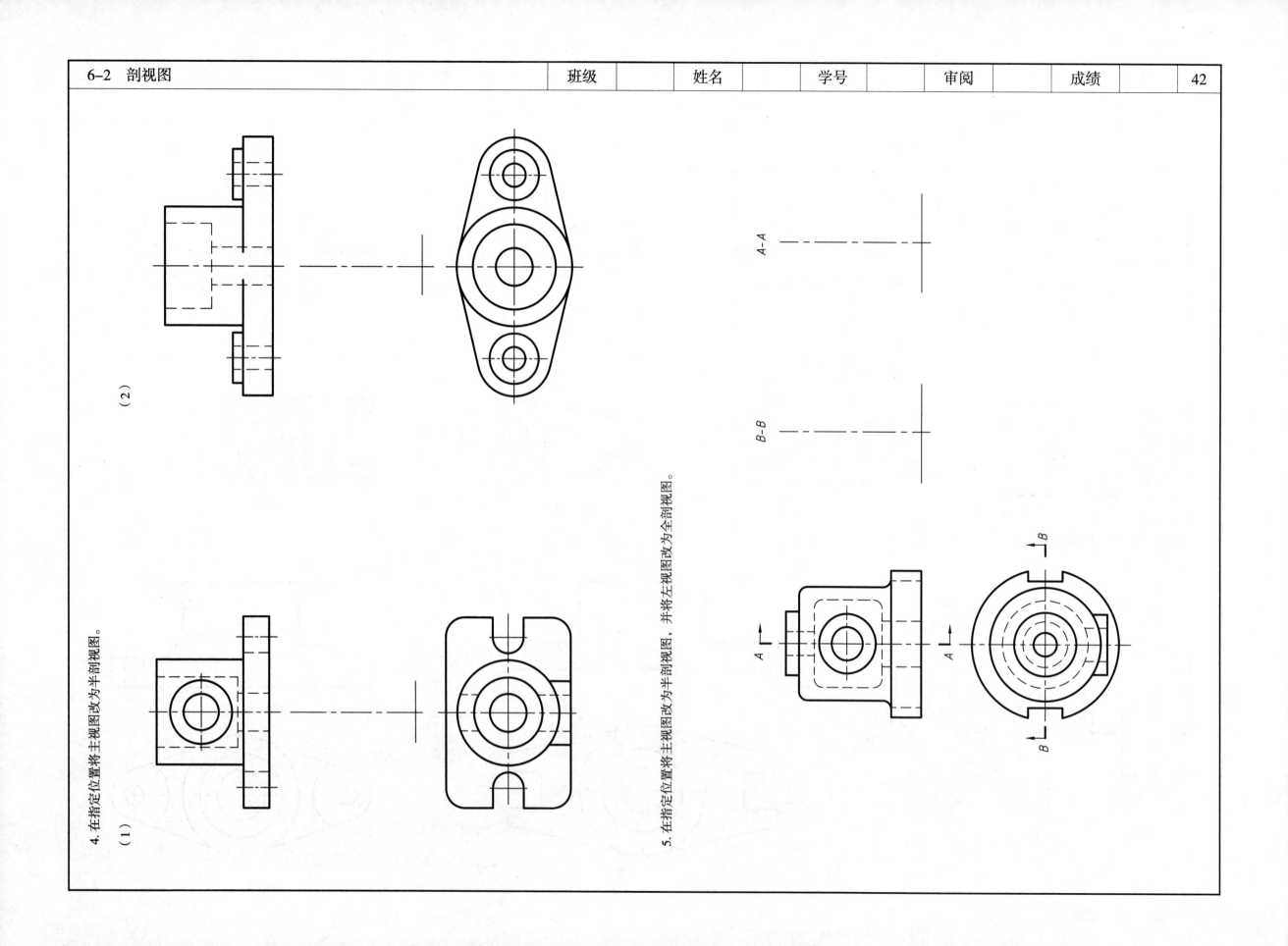

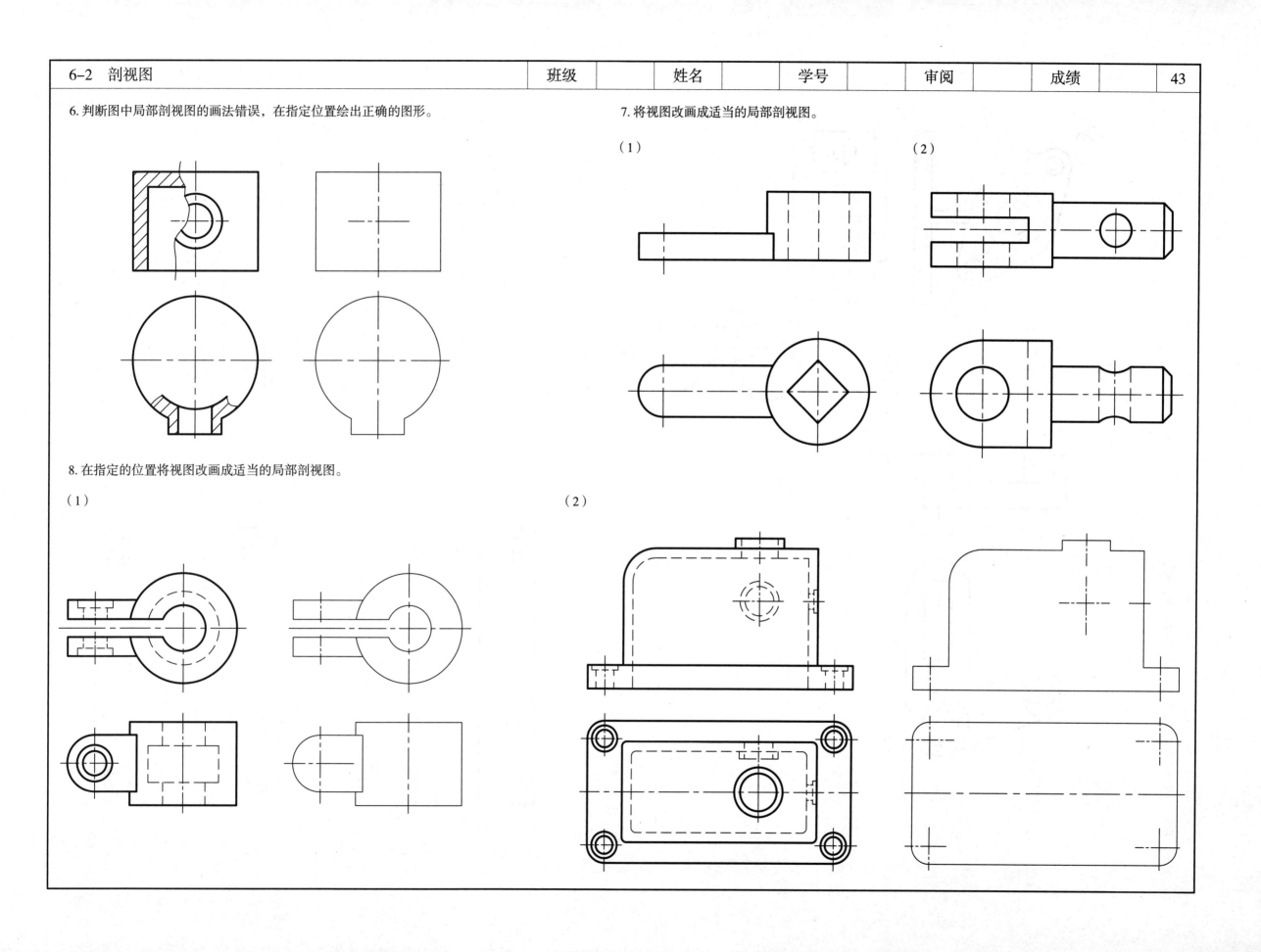

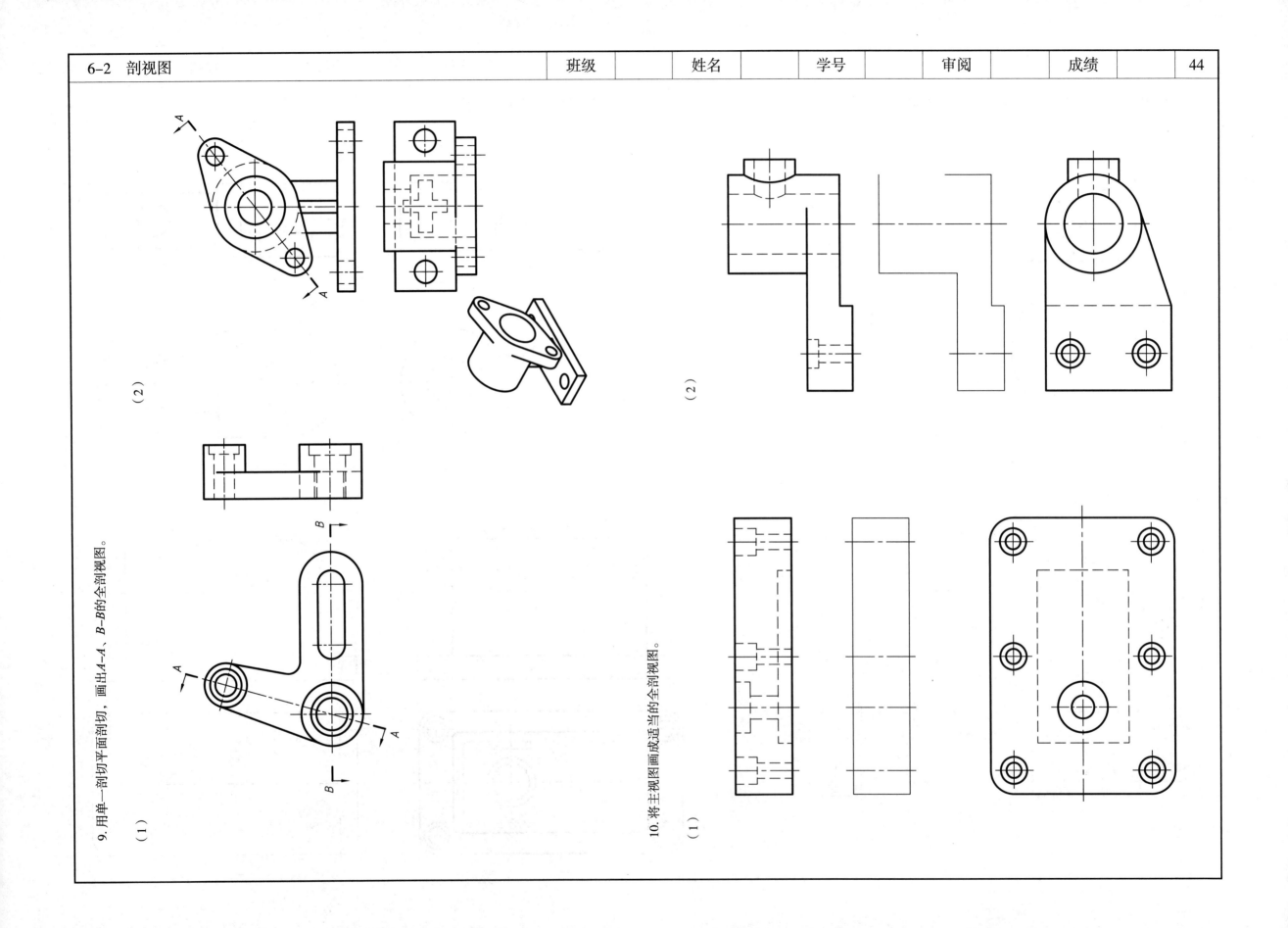

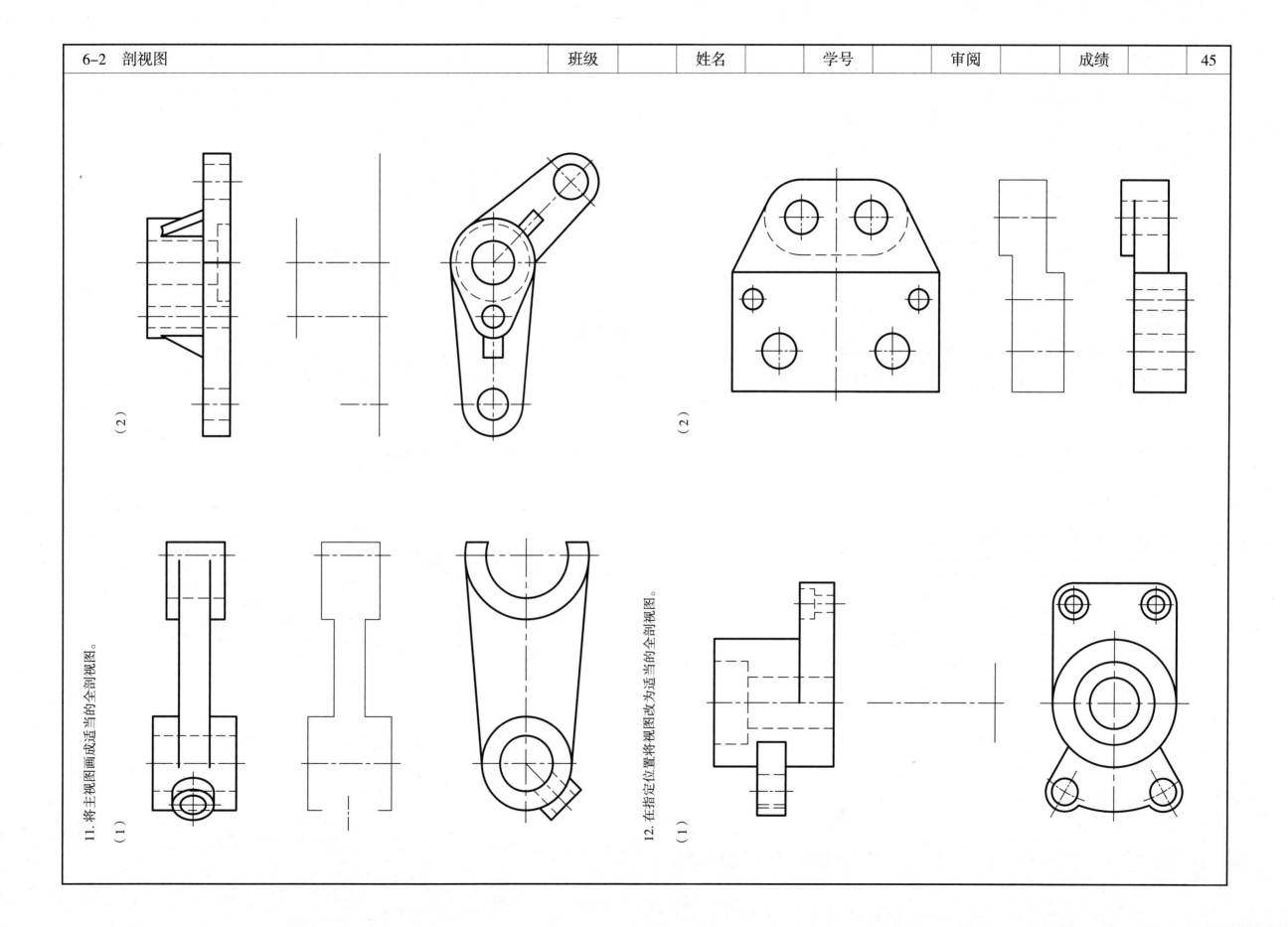

6-3 断面图

1. 分析判断，指出正确的断面图。

（1）

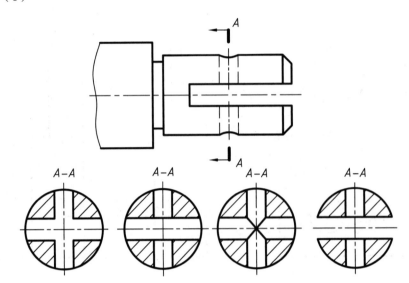

（2）

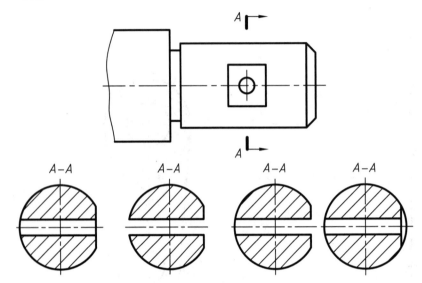

2. 指出下面断面图的错误，并在指定位置画出正确的断面图。

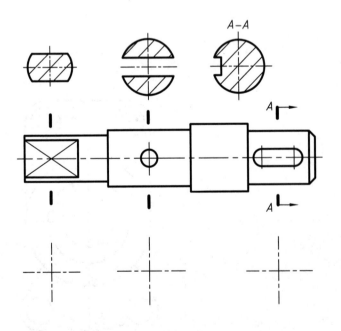

3. 在指定位置绘制断面图（两键槽深为4mm）。

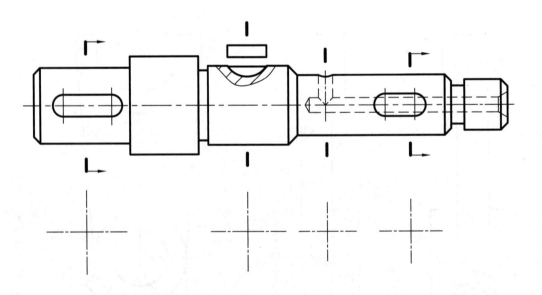

6-4 表达方法的综合运用

1. 选择适当的方法表达下列机件。

（1）
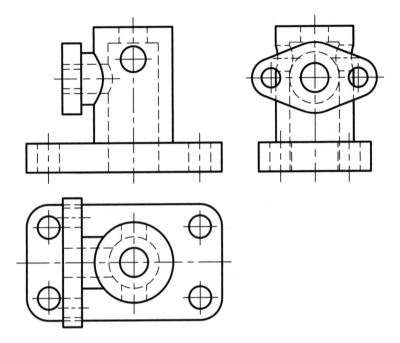

（2）
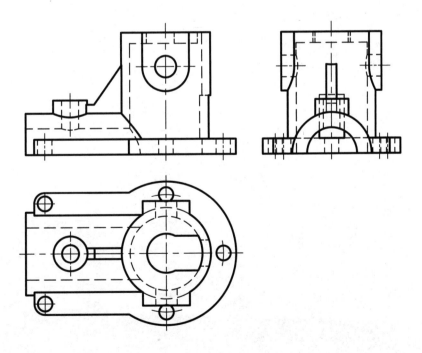

6-4　表达方法的综合运用

2. 选择适当的方法表达下列机件。

（1）

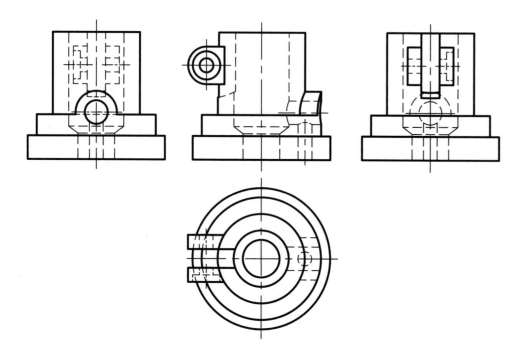

（2）

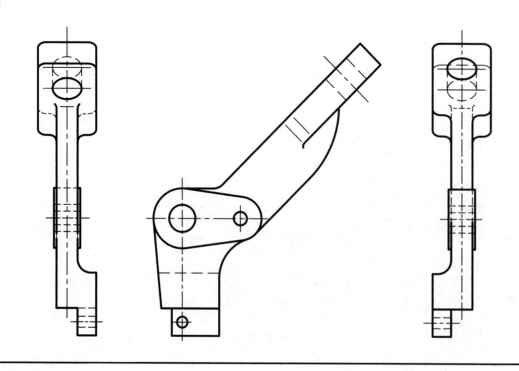

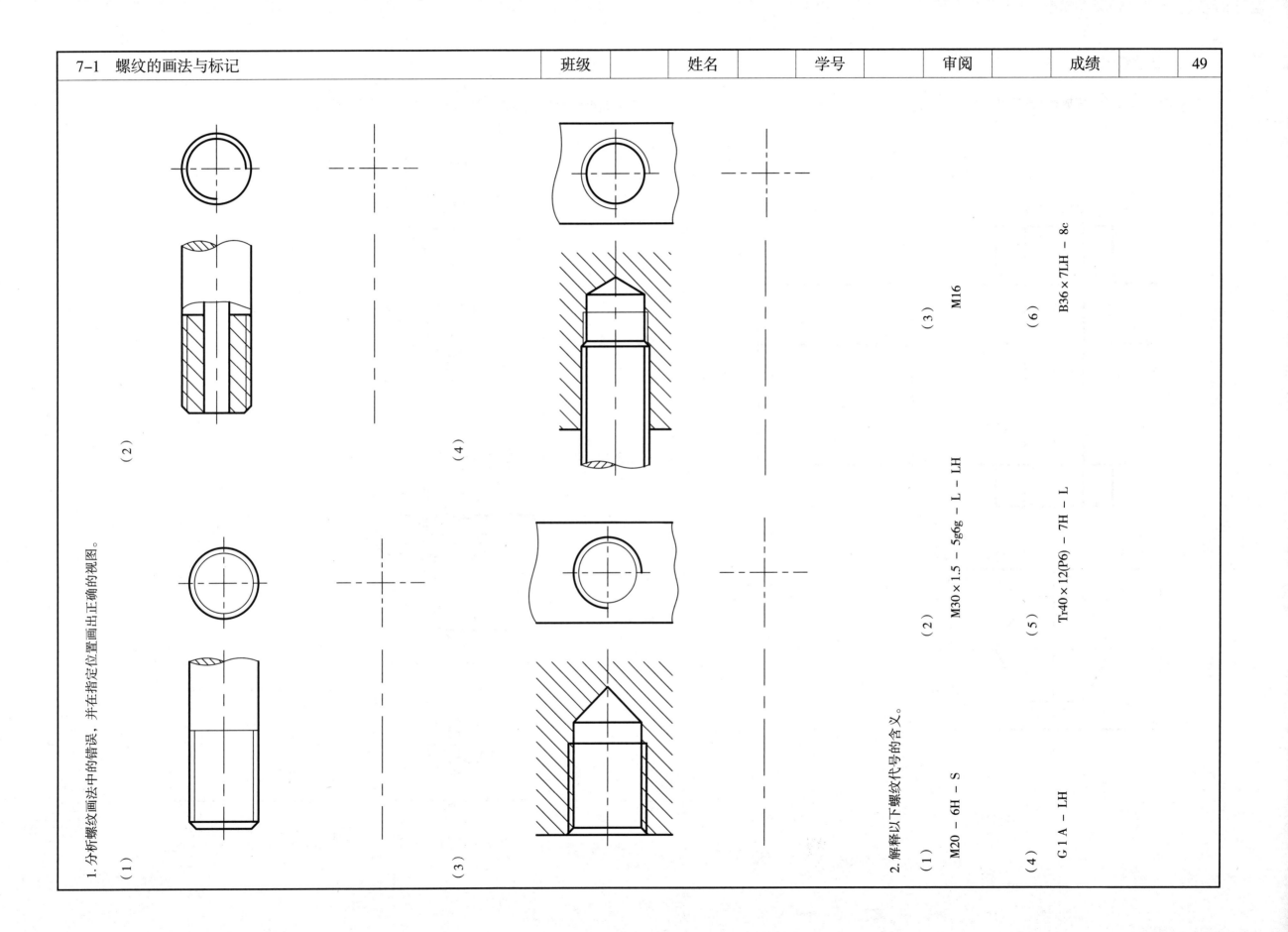

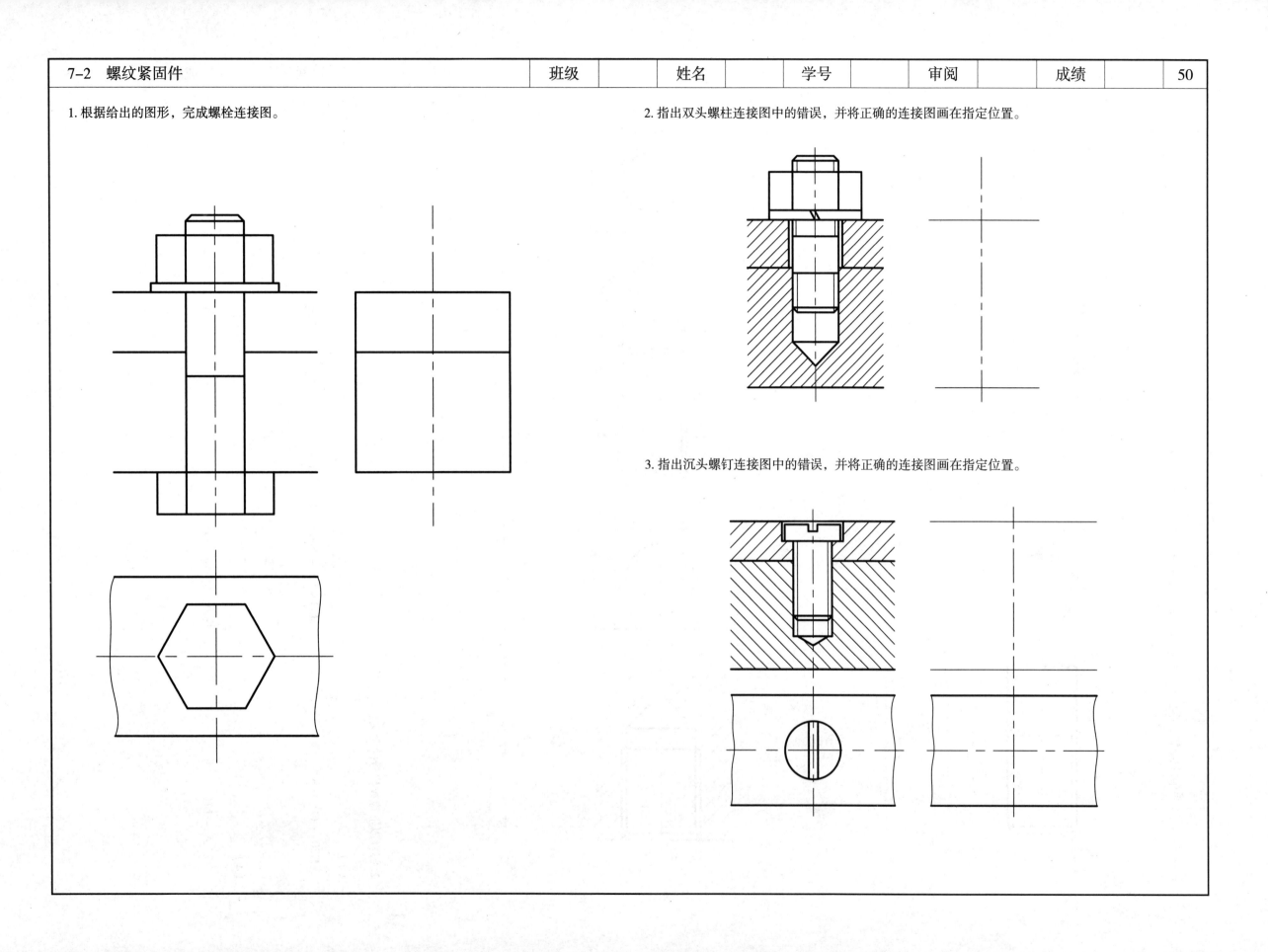

7-3 齿轮

1. 补全标准直齿圆柱齿轮的主视图和左视图（$m=3$，$Z=31$）。

2. 补全标准直齿圆柱齿轮啮合的主视图和左视图。

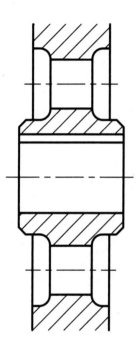
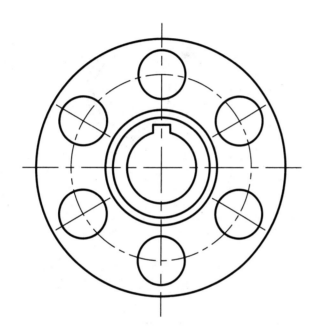
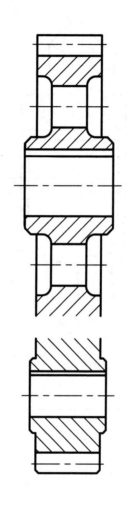
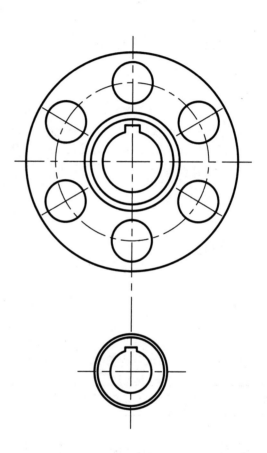

| 7-3 齿轮 | 班级 | 姓名 | 学号 | 审阅 | 成绩 | 52 |

3. 补全直齿圆锥齿轮的主视图和左视图(模数 $m=3$，分度圆锥角 $\delta=45°$)。

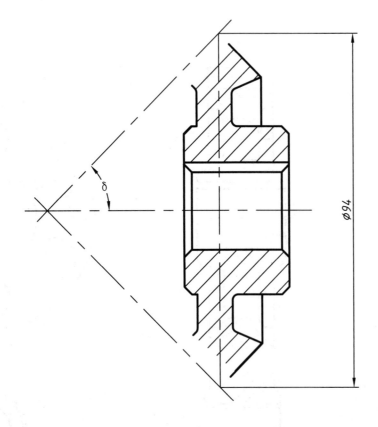

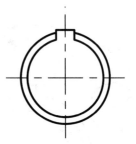

| 7-4 弹簧 | | | | | | |

已知圆柱螺旋压缩弹簧的簧丝直径为6mm，弹簧中径为44mm，节距12mm，弹簧自由高度为80mm，支承圈数为2.5，右旋。试画出弹簧的全剖视图，并标注尺寸。

| 7-5 键、滚动轴承 | 班级 | 姓名 | 学号 | 审阅 | 成绩 | 53 |

1. 已知齿轮和轴用 A 型普通平键连接。轴、孔直径为 20mm，键长为 20mm，查表确定键和键槽的尺寸，按 1∶1 比例完成轴和齿轮的图形。

2. 用第 1 题查表所得的平键将轴和齿轮连接起来，完成连接图形。

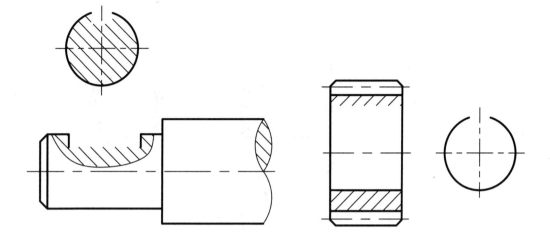

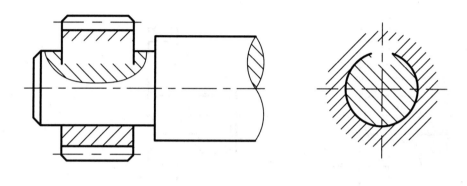

3. 检查滚动轴承规定画法中的错误，将正确的图形画在右侧。

4. 查表确定滚动轴承 6205 GB/T 276—1994 的尺寸，用规定画法在轴端画出轴承与轴的装配图。

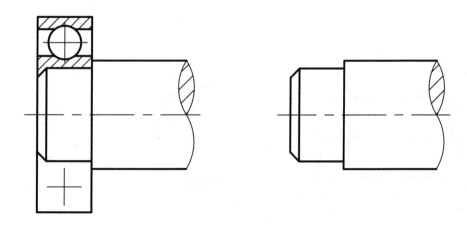

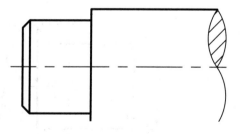

| 8-1 表面结构要求 | 班级 | 姓名 | 学号 | 审阅 | 成绩 | 54 |

1. 检查表面结构代号注法上的错误，在右图正确标注。

2. 按下列要求标注齿轮工作图表面结构代号。

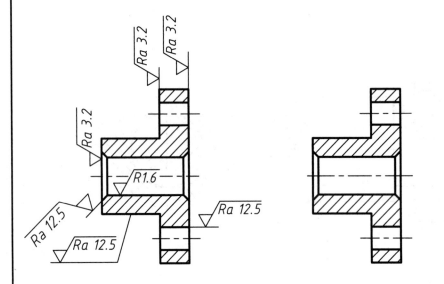

（1）齿顶圆柱面 Ra 为6.3。
（2）齿面 Ra 为3.2。
（3）齿坯两端面 Ra 为6.3。
（4）键槽侧面 Ra 为3.2。
（5）键槽顶面 Ra 为6.3。
（6）轴孔内壁 Ra 为1.6。
（7）其余表面 Ra 为12.5。

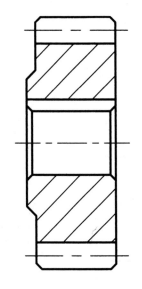
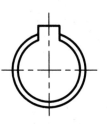

3. 按以下要求标注零件表面结构代号。

（1）$\phi 26$、$\phi 30$圆柱面及锥孔表面 Ra 为1.6。 （2）$\phi 38$圆柱面 Ra 为6.3。
（3）M24螺纹工作表面 Ra 为3.2。 （4）键槽两侧面 Ra 为3.2，底面 Ra 为12.5。
（5）其余表面 Ra 为25。

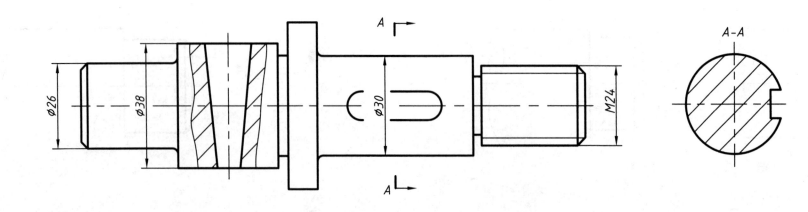

8-2 极限与配合

1. 根据孔、轴的极限偏差，判定其配合类别，画出公差带图，计算并填写最大、最小间隙或过盈。

（1）
孔：$\phi 100^{+0.022}_{\ 0}$
轴：$\phi 100^{-0.034}_{-0.051}$

孔、轴为（　　）配合

公差带图：

最大（间隙、过盈）=
最小（间隙、过盈）=

（2）
孔：$\phi 65^{+0.030}_{\ 0}$
轴：$\phi 65^{+0.021}_{+0.002}$

孔、轴为（　　）配合

公差带图：

最大（间隙、过盈）=
最小（间隙、过盈）=

（3）
孔：$\phi 50^{-0.034}_{-0.059}$
轴：$\phi 50^{\ 0}_{-0.016}$

孔、轴为（　　）配合

公差带图：

最大（间隙、过盈）=
最小（间隙、过盈）=

2. 查表，将极限偏差数值、公差值填入括号内。

（1）$\phi 36H7$

上极限偏差（　　）下极限偏差（　　）公差（　　）

（2）$\phi 40js6$

上极限偏差（　　）下极限偏差（　　）公差（　　）

（3）$\phi 30h8$

上极限偏差（　　）下极限偏差（　　）公差（　　）

3. 说明下列配合代号的含义。

（1）零件1与圆柱销的配合代号为（　　）。
　　零件2与圆柱销的配合代号为（　　）。

（2）$\phi 10F8/h7$ 的含义是：

相配合的孔、轴公称尺寸为（　　），配合的基准制为（　　）。

孔的基本偏差代号为（　　），公差等级为（　　）。

查表得孔的上极限偏差为（　　），下极限偏差为（　　）。

轴的基本偏差代号为（　　），公差等级为（　　）。

查表得轴的上极限偏差为（　　），下极限偏差为（　　），配合种类为（　　）。

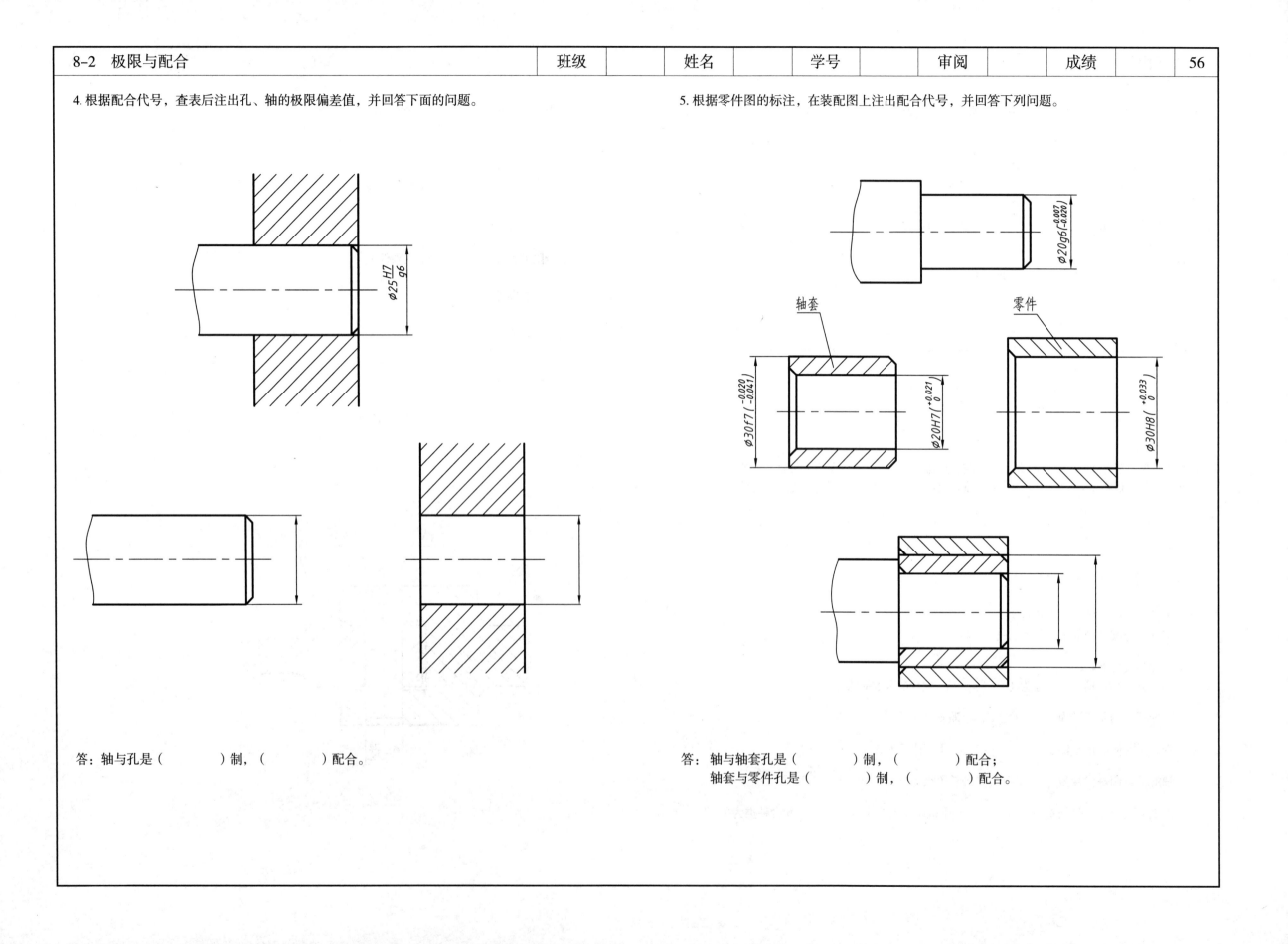

8-3 几何公差

1. 说明图中所注框格的含义。

(1) 公差框格 ① 的含义：被测要素（　　　　），基准要素（　　　　），公差项目（　　　　），公差值（　　　　）。

(2) 公差框格 ② 的含义：被测要素（　　　　），公差项目（　　　　），公差值（　　　　）。

(3) 公差框格 ③ 的含义：被测要素（　　　　），公差项目（　　　　），公差值（　　　　）。

(4) 公差框格 ④ 的含义：被测要素（　　　　），基准要素（　　　　），公差项目（　　　　），公差值（　　　　）。

2. 说明图中所注框格的含义。

(1) 公差框格 ① 的含义：被测要素（　　　　），基准要素（　　　　），公差项目（　　　　），公差值（　　　　）。

(2) 公差框格 ② 的含义：被测要素（　　　　），公差项目（　　　　），公差值（　　　　）。

(3) 公差框格 ③ 的含义：被测要素（　　　　），基准要素（　　　　），公差项目（　　　　），公差值（　　　　）。

(4) 公差框格 ④ 的含义：被测要素（　　　　），基准要素（　　　　），公差项目（　　　　），公差值（　　　　）。

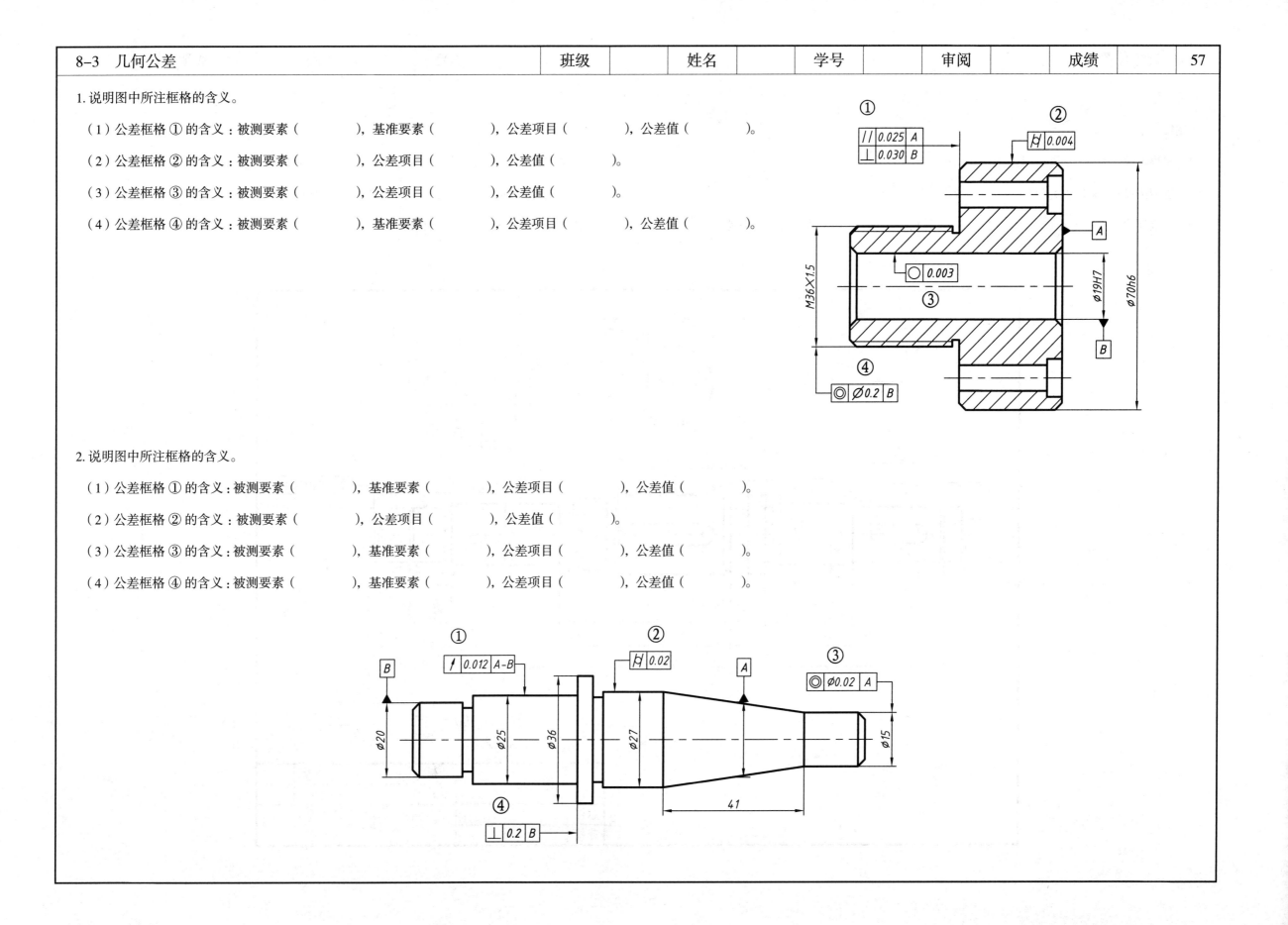

8-4 读零件图

1. 传动轴

读图要求：

（1）指出各视图的名称，并说明各视图的作用。

（2）两处键槽的定位尺寸为（   ）、（   ），定形尺寸为（   ）、（   ）。

（3）退刀槽尺寸 2×1 的含义是（   ）。

（4）⌖ ⌀0.012 A 的被测要素为（   ），基准要素为（   ）。

（5）长度尺寸的主基准为（   ），辅助基准为（   ），径向尺寸的基准为（   ）。

（6）画出 B–B 移出断面图（键槽的尺寸由查表确定）。

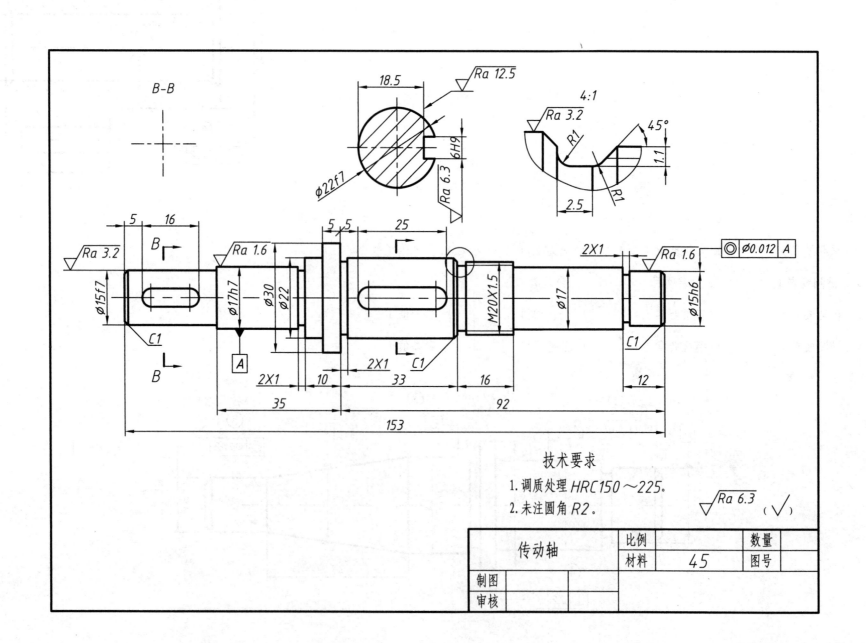

技术要求

1. 调质处理 HRC150～225。
2. 未注圆角 R2。

传动轴   材料 45

8-4 读零件图

2. 顶盖

读图要求：

（1）零件图的主视图采用了（　　　　）剖视图，C 向视图是（　　　　）视图，B 向视图为（　　　　）视图。

（2）简要说明 C 向视图、B 向视图的作用。

（3）零件的主要尺寸基准：长度为（　　　　）、宽度为（　　　　）、高度为（　　　　）。

（4）列举出零件中的重要定位尺寸。

（5）螺纹孔 M16－7H 的深度尺寸为（　　　　），深度尺寸的基准为（　　　　）端面，它的定位尺寸为（　　　　）。

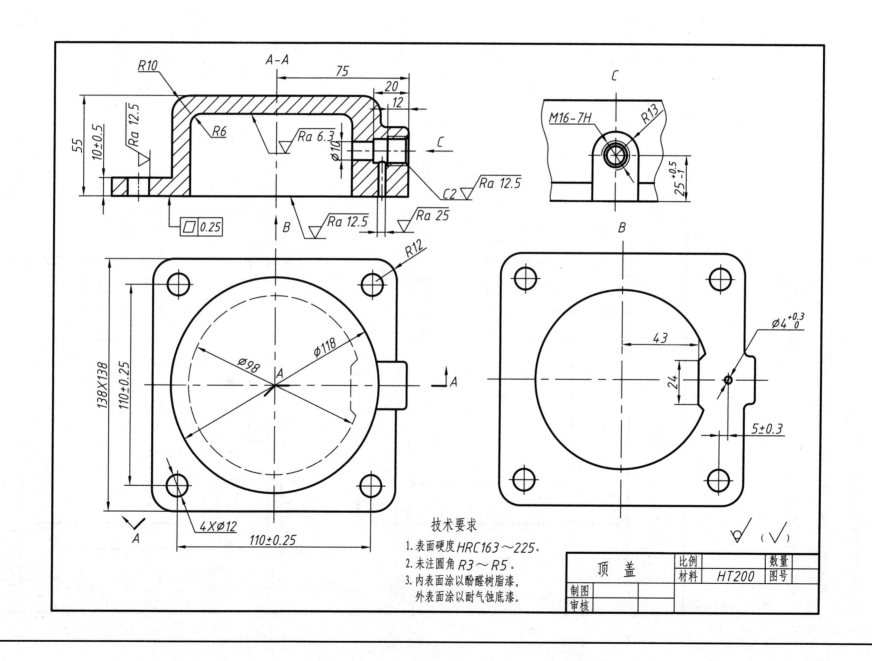

8-4 读零件图

3. 泵体

读图要求：

(1) 零件图俯视图采用了（　　）剖视图，表达了（　　）的结构。

(2) 零件的主要尺寸基准：长度为（　　）、宽度为（　　）与（　　）、高度为（　　）。

(3) 列举出零件中的重要定位尺寸。

(4) 结合工作原理简单分析所注的技术要求的特点。

(5) ⌖ 0.05 A 的被测要素为（　　）、基准要素为（　　）。

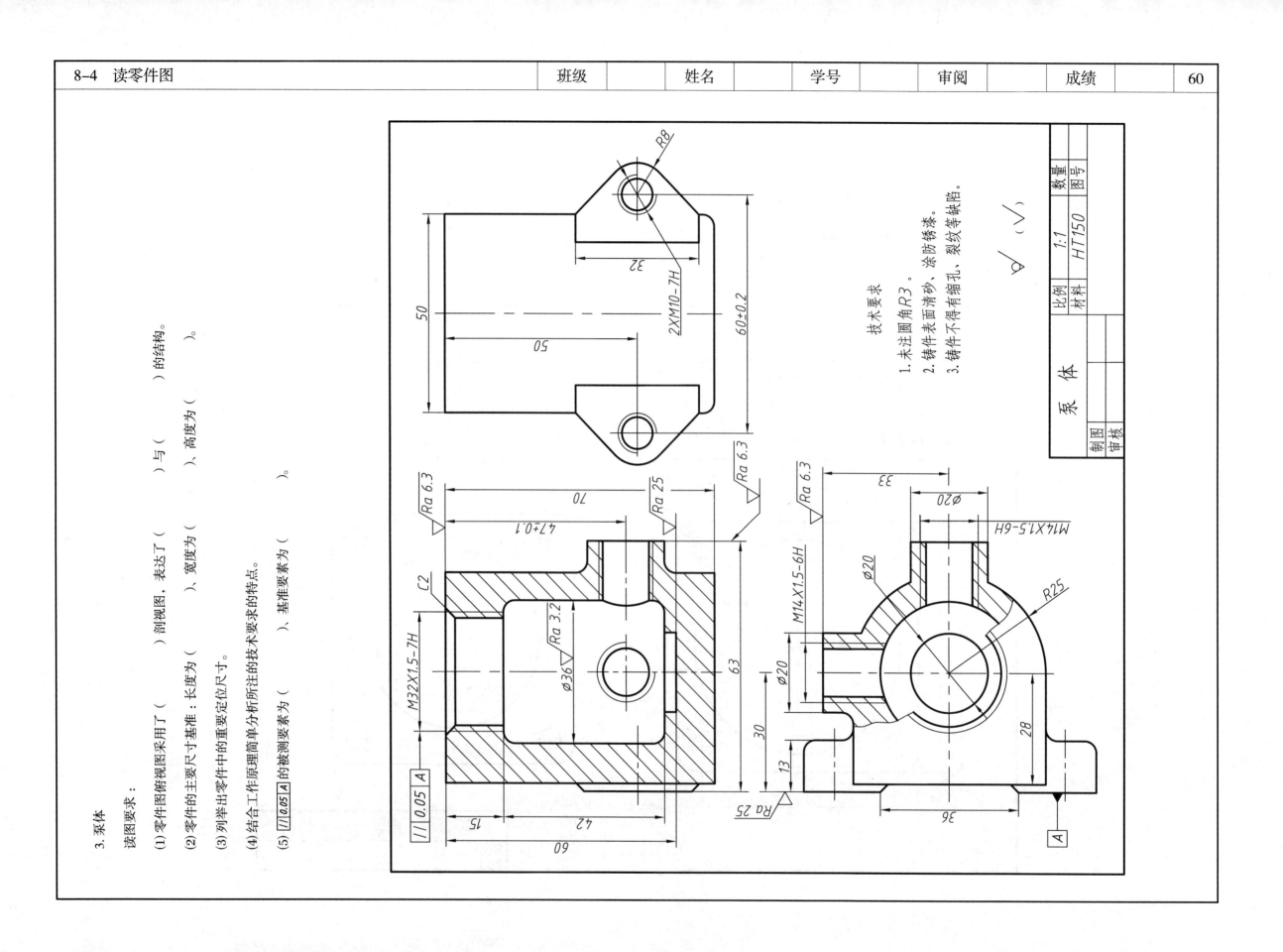

9-1 画装配图

DQ-34 定位器工作原理

定位器为电子仪器中的一个部件，安装在机箱的内壁上。

该定位器由 7 种零件组成。套筒 (件 3) 铆接在支架 (件 2) 上，定位轴 (件 1)、压簧 (件 4)、压盖 (件 5) 等装在套筒内，把手 (件 6) 装在定位轴上并通过紧定螺钉 (件 7) 固定。

工作时定位轴1靠压簧的张力插入被定位零件的孔中。当该零件需要变换位置时，拉动把手6可将定位轴从孔中拉出实现换位。

松开把手后，压簧4使定位轴1恢复原位。

根据定位器示意图、轴测装配图及零件图，拼画装配图 (A3 图幅、比例为 4∶1)。

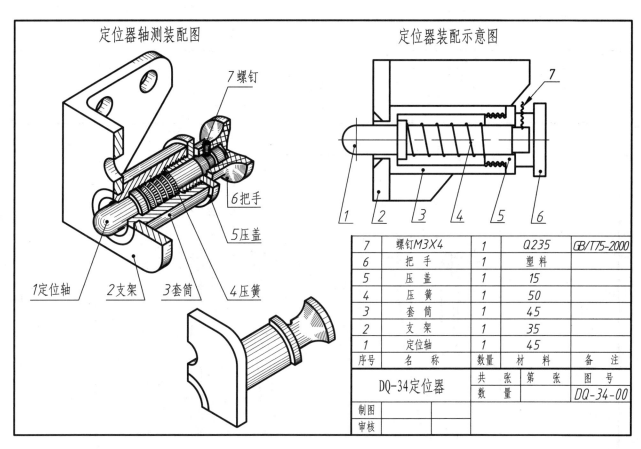

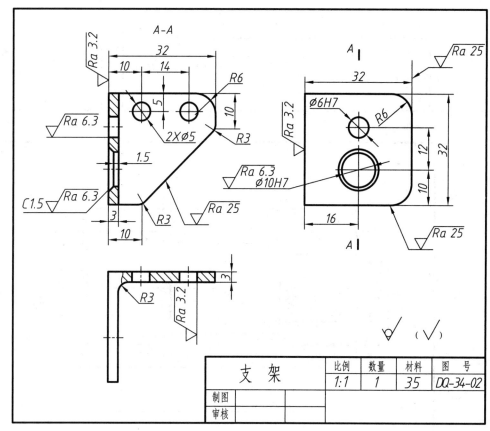

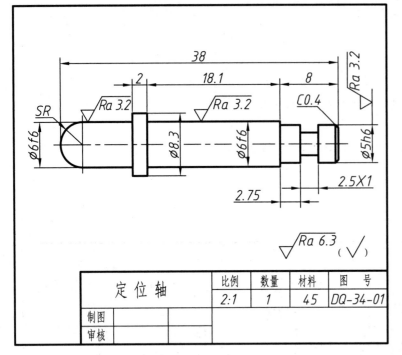
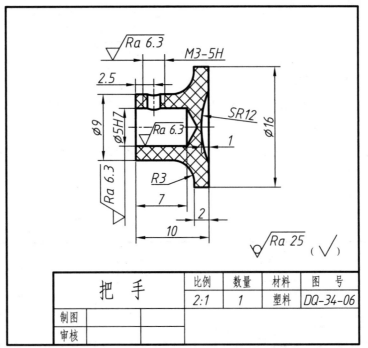
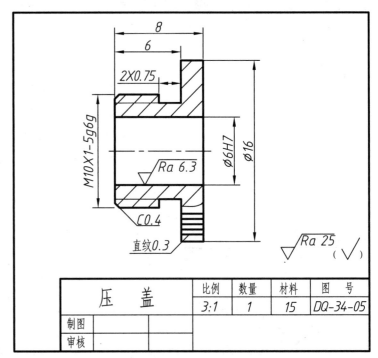
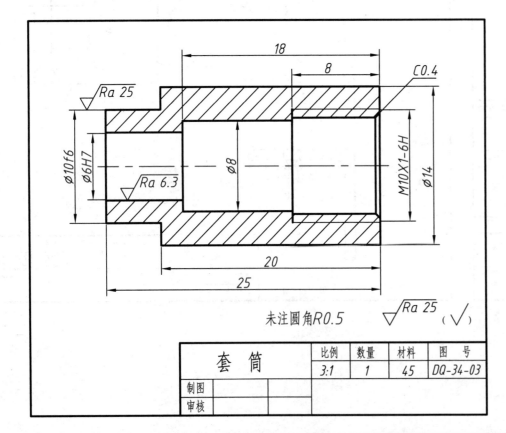
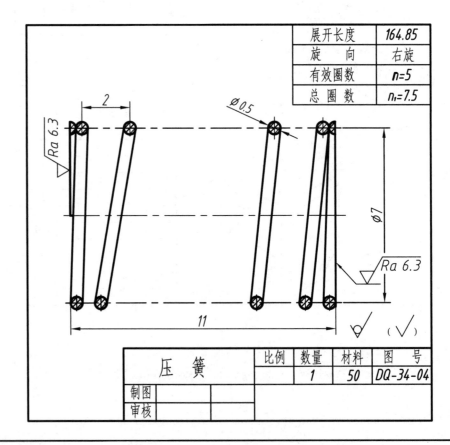

9-2 读装配图及拆画零件图

读蝴蝶阀装配图，并拆画零件图。

一、蝴蝶阀工作原理

蝴蝶阀是用于管道上截断气流或液流的闸门装置。该装置是通过齿轮、齿条机构带动阀门转动来实现截流的。

当外力带动齿杆13左右移动时，与齿杆啮合的齿轮11就带动阀杆4转动，使阀门3开启或关闭。

图示阀门为开启位置。当齿杆向右移动时，即关闭。齿杆靠紧定螺钉12周向定位，使其只能左右移动，不能转动。阀门用锥头铆钉2固定在阀杆上，盖板10和阀盖6用三个螺钉8固定在阀体1上。

二、读懂蝴蝶阀装配图，完成下列各题

1. 回答问题

（1）下列尺寸各属于装配图中的何种尺寸？

ϕ16H8/f8 属于（　　　　）尺寸，137 属于（　　　　）尺寸，158 属于（　　　　）尺寸。

（2）说明 ϕ16H8/f8 的含义：轴与孔配合属于（　　　　）制，（　　　　）配合，ϕ16 是（　　　　）尺寸，H8 是（　　　　）代号，f是（　　　　）代号。

2. 思考题

（1）阀体和阀盖、齿轮与阀杆、齿杆与阀盖是怎样固定、定位的？

（2）找出左视图上件号3所指零件的正面投影，并想象出其空间形状。

3. 根据蝴蝶阀装配图拆画零件图

读懂阀体1和阀盖6的结构形状，并画出它们的零件图（自定图幅、比例）。

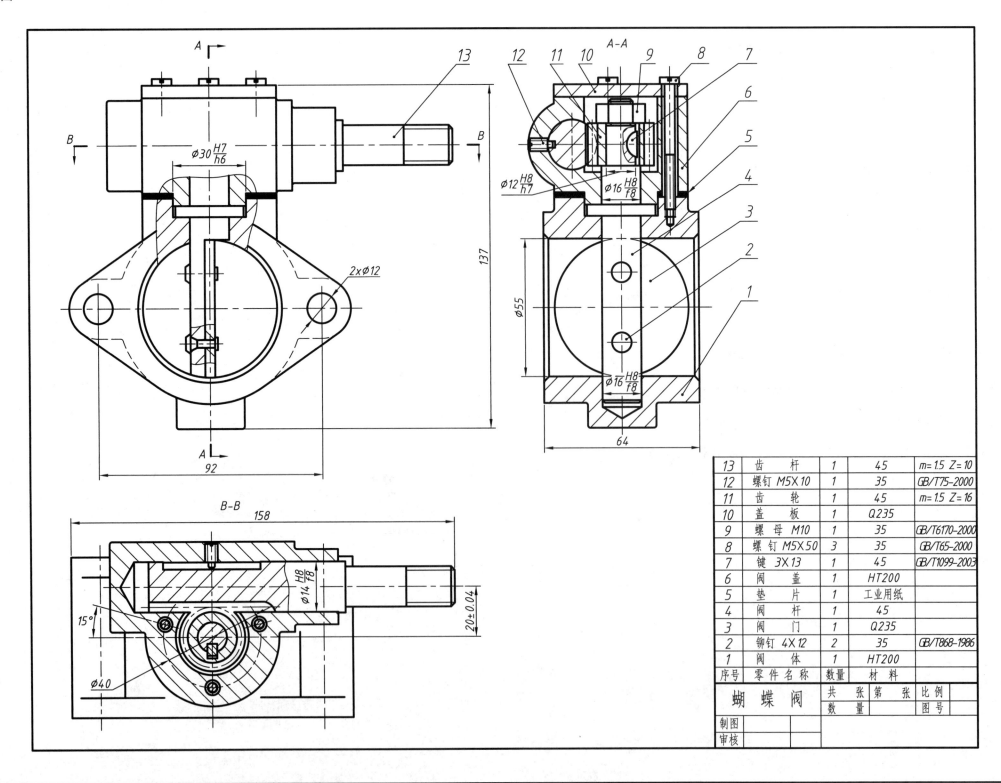

第 10 章 表面展开图

作业要求：将展开图画在薄纸板上，并在接头处留适当余量，成型后粘牢，便可做出制件模型。

1. 按图中尺寸做出空间迂回管接头模型。

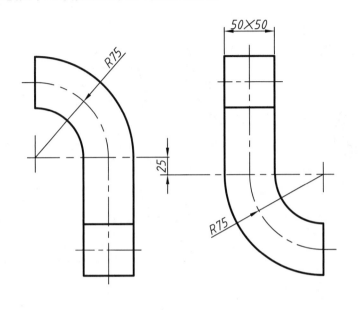
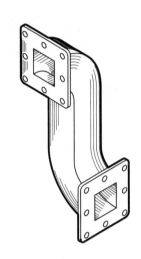

2. 按图中尺寸做出扭转变形管接头模型。

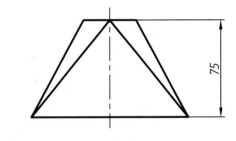
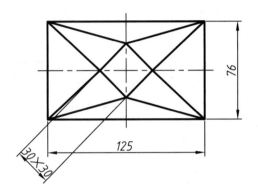
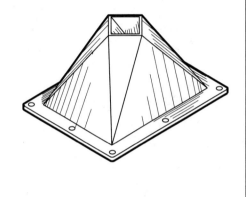

3. 按图中尺寸做出偏交圆柱管接头模型。

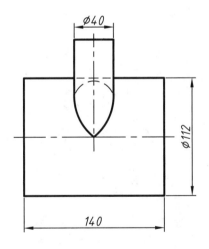
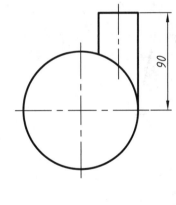
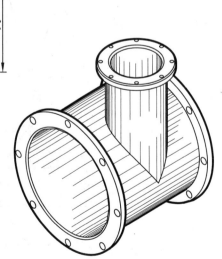

4. 按图中尺寸做出带补料圆柱管接头模型。

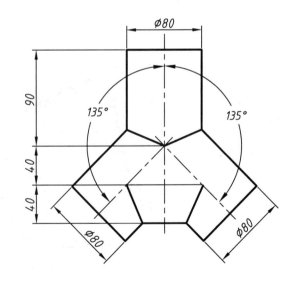
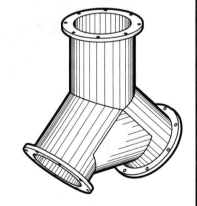

5. 按图中尺寸做出斜交圆柱管接头模型。

6. 按图中尺寸做出圆锥与圆柱斜交管接头模型。

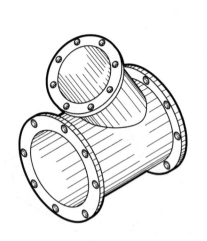
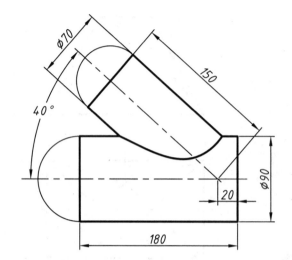
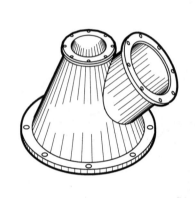
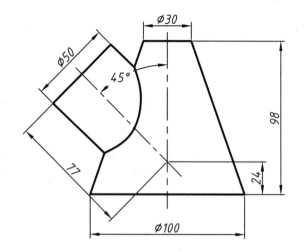

7. 按图中尺寸做出两节渐缩圆锥管接头模型。

8. 按图中尺寸做出异形管接头模型。

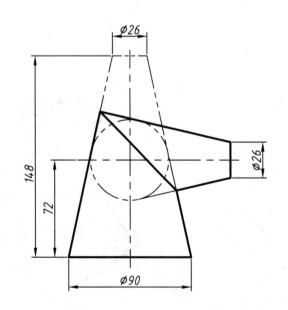
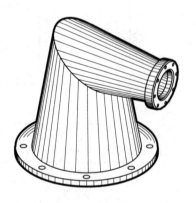
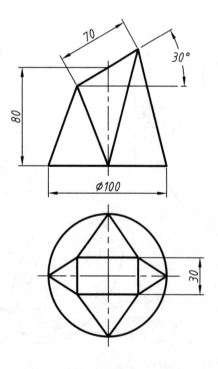
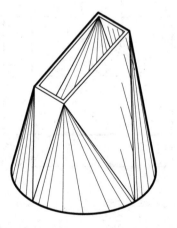